アイヌと縄文人の骨学的研究

骨と語り合った 40 年

百々 幸雄

東北大学出版会

Ainu and Jomon Population History

Reflections from a Lifetime of Osteological Research

Yukio Dodo

Tohoku University Press, Sendai
ISBN978-4-86163-265-5

はじめに

　日本国民の総人口およそ 1 億 2500 万人の 95% 以上は、本州・四国・九州（以下日本本土と呼ぶ）に出自をもつ人々で、いわゆる日本文化を担う日本民族である。このほか国内には、沖縄の人々やアイヌの人々がいる。この人たちも日本人と呼んでよいのかどうかは判断に迷うところである。彼らが独自の民族であることを強く意識するならば、彼ら自身、一律に日本人と呼ばれることに抵抗を感じるのではないかと思われる。そこで本書では、民族意識を尊重して、日本本土に出自をもつ人々を「本土日本人」あるいは「和人」と、アイヌの人々を「アイヌ」または「アイヌ民族」と、かつての琉球王国の支配下にあった奄美諸島・沖縄諸島・先島諸島の住民を「琉球人」と称することにする。

　身体特徴や骨格の特徴にもとづいた日本人の起源に関する単行本は数多く出版されており、筆者の手元にある主要な本だけに限ってみても次のようなものがある。

　鈴木尚『日本人の骨』（岩波新書、1963）、鈴木尚『骨からみた日本人のルーツ』（岩波新書、1983）、埴原和郎『日本人の成り立ち』（人文書院、1995）、池田次郎『日本人のきた道』（朝日選書、1998）、山口敏『日本人の生いたち』（みすず書房、1999）、埴原和郎『日本人の骨とルーツ』（角川ソフィア文庫、2002）、中橋孝博『日本人の起源』（講談社選書メチエ、2005）。

　また、現在主流になっている研究領域である DNA を指標としたものには、尾本惠市『分子人類学と日本人の起源』（裳華房、1996）、斎藤成也『DNA から見た日本人』（ちくま新書、2005）、篠田謙一『日本人になった祖先たち』（NHK ブックス、2007）がある。

　これらの本は題名が示す通り、本土の日本人の成り立ちに焦点が当てられており、アイヌと琉球人についての記載は多くない。

i

現在日本列島最古の住民として、その実像がかなり明らかにされているのは縄文時代人で、彼らは、今から約1万3000年前から約2500年前までの1万年もの長きにわたって、日本列島で独自の文化を発達させてきた狩猟採集民である。大陸から稲作農耕文化を携えて渡来してきた人々が優勢になる弥生時代を迎え、彼らの時代はその幕を閉じるが、その血筋や文化伝統を多く引き継いだ人々が北海道のアイヌであることに疑いの余地はない。

　筆者は長きにわたり、北海道と東北地方の縄文時代から近現代に至るまでの人骨を研究してきた。本書では、これまでの研究の集大成のつもりで、縄文人とアイヌに焦点を合わせた人骨研究結果を紹介する。もちろん、アイヌ人骨の研究は生半可な気持ちではやれないことを重々承知の上である（詳しくは本書第4章参照）。

　アイヌはこれまで「謎の民族」などと好奇の目をもって調査・研究されてきた。沖縄の人たちもおそらく同じであったろう。謎といえば、日本の縄文人も世界的にみて謎に満ちた集団といってよい。しかし筆者の研究はそのような視点には立っていない。あくまでも"日本列島の人類史の復元"を試みるのに際して、その一翼を担った民族集団として、これらの人びとを研究の対象とさせていただいた。

　本書を書き始めたときには、一般の人にも分かりやすいようにと心がけたのだが、筆者の研究の紆余曲折を時間軸に沿って書いていくうちに、必然的に先輩や同僚・後輩の研究成果を参照しなければならなくなった。自分の研究といっても、それは、これまでに積み重ねられてきた多くの研究成果を土台としたものであり、いわば氷山の一角でしかない。そこで自分の業績と他の研究者の業績を明確に区別するために、文献を正しく引用することに努めたところ、引用文献だけでも実に300編を越えてしまった。

　そんなこともあり、原稿ができあがってみると、もはや一般向けの本というより専門書に近いものになってしまった。しかし、専門家以外の人でも、方法論の記述など専門的な部分を読み飛ばせば、全体のあら

すじは理解できるように書いたつもりである。専門家にはややものたりないであろうし、一般の人には難解であると思われる内容かもしれないが、これが筆者の能力の限界である。その点をお許しいただいた上で、読み進めていただければ幸いである。

　なお、人間の骨格について馴染みのない人のために、全身骨格と頭骨の概略を巻末に付図1および付図2として示してみた。本文と併せてご覧いただきたい。

目　　次

はじめに ……………………………………………………………… i

第1章　縄文人とは ………………………………………………… 1

1．縄文時代 ………………………………………………………… 1

2．縄文人骨の特徴 ………………………………………………… 2
　　頭骨／歯／四肢骨／身長／計測的特徴

3．縄文人の地域差 ………………………………………………… 9
　　四肢骨／頭骨

4．縄文人の均質性 ………………………………………………… 14

5．縄文早期人 ……………………………………………………… 21
　　"きゃしゃ"な早期人／縄文前期人／中津川と蛇王洞の早期人／
　　縄文早期人の再検討

6．縄文人と旧石器時代人 ………………………………………… 28
　　港川人／年代／頭骨／四肢骨／沖縄の縄文人／港川人の再検証

7．縄文人と弥生時代人 …………………………………………… 36
　　大陸系弥生人／西北九州弥生人／南九州離島弥生人

8．縄文人と古墳時代人 …………………………………………… 43
　　渡来系と在来系／渡来系古墳人／渡来系古墳人の拡散

9．縄文人と歴史時代人 …………………………………………… 49
　　長頭の中世人／鎌倉の"さむらい"／短頭化現象／歯槽性突顎／
　　四肢骨／身長／小進化説

第2章　アイヌとは ………………………………………………… 59

1．アイヌ民族 ……………………………………………………… 59
　　北海道・樺太・千島

v

2．アイヌ骨格の特徴 …………………………………………… 61
　　　　計測的特徴／縄文人とアイヌ
　　3．アイヌの地域差 ………………………………………………… 66
　　　　他民族との交流／地方的差異
　　4．有珠鉄器貝塚人 ………………………………………………… 69
　　5．擦文時代人骨 …………………………………………………… 70
　　　　ウサクマイ遺跡／有珠善光寺遺跡／下田ノ沢遺跡
　　6．アイヌ頭骨との出会い ………………………………………… 75
　　　　神恵内村／3号頭骨

第3章　形態小変異とは ……………………………………………… 79
　　1．外耳道骨腫 ……………………………………………………… 79
　　　　冷水刺激／生活論
　　2．形態小変異の特徴 ……………………………………………… 83
　　　　頭骨の形態小変異／項目の選定／性差／年齢差／
　　　　左右差・左右の相関／項目間の相関
　　3．集団間距離 ……………………………………………………… 96

第4章　分析の開始 …………………………………………………… 99
　　1．アイヌと東日本現代人 ………………………………………… 99
　　2．江戸時代人と現代人 …………………………………………… 100
　　3．研究の頓挫 ……………………………………………………… 101
　　　　札幌医科大学での人類学会／公開質問状
　　4．異動歴 …………………………………………………………… 104
　　5．新生児骨の発見 ………………………………………………… 105
　　　　新生児骨の形態小変異
　　6．研究の再開 ……………………………………………………… 109

目　次

　　　学位論文／東日本の縄文人

第5章　弥生人と続縄文人 ……………………………………… 113
　1．土井ヶ浜弥生人 ……………………………………………… 113
　　　はじめての科研費／土井ヶ浜弥生人の形態小変異／
　　　前頭縫合の不思議
　2．重点領域研究 ………………………………………………… 117
　　　弥生時代以降 2000 年間変わらず／土井ヶ浜弥生人と金隈弥生人／
　　　縄文人とアイヌの結びつき
　3．続縄文人の研究 ……………………………………………… 128
　　　続縄文時代／有珠モシリ遺跡
　4．続縄文人からアイヌへ ……………………………………… 132

第6章　アイヌと琉球人 ………………………………………… 137
　1．琉球諸島 ……………………………………………………… 137
　　　共同研究／形態小変異による分析／顔面平坦度計測による分析
　2．アイヌ・琉球同系説 ………………………………………… 142
　　　ベルツ
　3．肯定派 ………………………………………………………… 143
　　　二重構造モデル／遺伝学的研究
　4．否定派 ………………………………………………………… 148
　　　骨と生体計測／池田・多賀谷の研究／毛利の形態小変異による研究／
　　　最近の頭骨と歯の研究／本土からの移住
　5．不毛の議論 …………………………………………………… 158

vii

第7章　人種の孤島　………………………………………… 161
　1．眼窩上孔と舌下神経管二分　………………………… 161
　　　人類集団の分類に有効／遺伝率の推定
　2．モンゴロイド説　……………………………………… 165
　3．形態小変異にもとづく学説　………………………… 168

第8章　東北地方にアイヌの足跡を辿る　………………… 173
　1．フィールドを東北地方へ　…………………………… 173
　　　アバクチ・風穴洞穴
　2．東北地方の古人骨　…………………………………… 178
　　　古墳時代人と江戸時代人／蝦夷の人種論争
　3．縄文人と本土の日本人　……………………………… 184

第9章　アイヌとその隣人たち　…………………………… 187
　1．思わぬ落とし穴　……………………………………… 187
　2．東アジア・北東アジアにおける北海道アイヌ　…… 189
　　　9項目による分析／20項目による分析
　3．アイヌの地域差の程度　……………………………… 196
　　　北海道アイヌと樺太アイヌ／東アジア・北アメリカとアイヌ
　4．アイヌとオホーツク人　……………………………… 202
　　　形態小変異と計測値による分析／オホーツク人と北海道アイヌ／
　　　オホーツク人と樺太アイヌ
　5．樺太アイヌと北海道アイヌ　………………………… 211

目　次

終章　アイヌと縄文人骨研究の今後 ……………………………… 215
　1．研究の限界 ……………………………………………… 215
　2．なぜ今アイヌ人骨なのか ……………………………… 218

おわりに ……………………………………………………… 225
謝　辞 ………………………………………………………… 229
引用文献 ……………………………………………………… 233
図の出典 ……………………………………………………… 259
索　引 ………………………………………………………… 261

ix

第1章　縄文人とは

1．縄文時代

　ここではまず縄文時代についての概要を記しておきたい（縄文時代・縄文文化の詳細は、考古学の本を参照していただきたい）。

　放射線炭素（C14）年代で今からおよそ1万3000年前、暦年代に換算するとおよそ1万5000年前に、日本列島の旧石器時代人のあるグループが貯蔵用あるいは煮炊き用の土器を作り始めた。縄文時代の幕開けである。縄文時代人は、はじめの頃は洞窟や岩陰を住居として利用していたようであるが、やがて生活が安定してくると、平地に竪穴住居を構え定住するようになる。ある者は海岸部まで進出して貝塚を形成し、利用可能な森林の保護や管理、さらには食用植物の栽培までおこなっていたようであるが、生活の基本はあくまでも採集・狩猟・漁労といった食料採取に依存していた。縄文時代人が、定住狩猟採集民とか、豊かな食料採集民といわれる由縁である。縄文時代は、今からおよそ2500年前に大陸から水田稲作農耕が導入されて弥生時代がはじまるとともに終わりをつげるが、紀元元年から現在までの5倍にもあたる1万年もの長きにわたる時代であった。

　縄文時代は一般に、土器の器形や文様の違いによって、草創期、早期、前期、中期、後期、晩期の六期に区分されている。C14年代でいうと、草創期は1万3000〜10000年前、早期は10000〜6000年前、前期は6000〜5000年前、中期は5000〜4000年前、後期は4000〜3000年前、晩期は3000〜2300年前といわれているが、暦年代でいうとこれより500〜2000年くらい古くなるようである。

　このような土器編年とは別に、文化内容から縄文時代を区分することも可能である。たとえば民族学者の佐々木高明氏は、草創期に相当する

時期を"縄文文化の胎動期"、早期を"縄文文化の形成期"、前期から晩期までを"縄文文化の成熟期"と位置づけている（佐々木、1991）。筆者が主として研究の対象としてきた縄文人骨は、縄文前期から晩期にかけてのものであるので、佐々木氏のいう"縄文文化の成熟期"に相当する。

2．縄文人骨の特徴

頭骨

縄文人の頭骨には、顔の幅に比して顔の上下が短い、眼球をおさめている眼窩の上縁が直線的で丸みを帯びない……したがって眼窩の形が長方形に近い、上顎骨の歯槽突起が前方に飛び出さないので、反っ歯の傾向が弱いといった形態的特徴がみられる。しかし何といっても一番目につく特徴は、眉間の部分がお椀を伏せたように盛り上がり、その下の鼻の付け根（前頭鼻骨縫合）が深く陥没し、そこから幅広い鼻骨が直線的に前方へ突き出ていること、すなわち眉間から鼻にかけての部分が凹凸に富み非常に立体的であることである。図1に宮城県の青島貝塚出土の縄文時代中期の頭骨を示したが、眉間から鼻にかけての部分が立体的である点に注目していただきたい。

このような特徴は図2のように、頭の骨を横からみた輪郭を古墳時代人と比較するとより一層明らかになる。青島貝塚の縄文人頭骨を、同じく宮城県の熊野堂横穴墓から出土した古墳時代人頭骨と比較したものであるが、古墳時代人頭骨では、眉間から鼻骨にかけての輪郭がなめらかで、この部分がきわめて平坦である。縄文人の顔の中央部が立体的であることは最も重要な形

図1．宮城県登米市南方町青島貝塚より出土した縄文時代中期の頭骨（青島1号）

第1章 縄文人とは

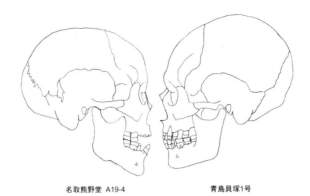

名取熊野堂 A19-4　　　　　　青島貝塚1号

図2．縄文人と古墳時代人頭骨の側面輪郭の比較
（縄文人は青島1号頭骨、古墳人は宮城県名取市熊野堂横穴墓出土のA19-4頭骨）

態的特徴で、筆者の見た限りでは、ほとんど例外なく日本列島各地の縄文人に共通している。縄文人の鼻根部の立体性はすでに5〜7歳児から認められるという（岡崎、2009）。

歯

　一般に歯の大きさは人類進化の流れに沿って、時代とともに縮小していく傾向にあることが知られている。ところがミシガン大学のブレイス氏と九州大学の永井昌文氏は、縄文人の歯は意外にも、後続する北部九州・山口地方の弥生人の歯より全体として約10％も小さいことを明らかにした（Brace and Nagai, 1982）。もちろん現代本土日本人の歯よりも小さい。

　また東アジア系の人々は、上顎の前歯の裏側がお皿のように窪んでいるシャベル状切歯をもつのが普通であるが、窪みの深さが0.5mm以上あるシャベル状切歯は、現代本土日本人には97.6％もみられるのに対して、縄文人には70.6％にしかみられないことが報告されている（Matsumura, 1995）。このように、歯が全体として小さく、シャベル状切歯が少ないのも縄文人の特徴である。

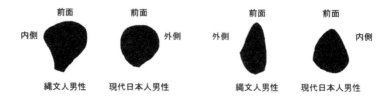

図3．縄文人と現代日本人男性の右大腿骨中央部の横断面の比較
（縄文人は北海道伊達市北黄金貝塚4号人骨、現代人は東北大学医学部所蔵の東日本人骨）

図4．縄文人と現代日本人男性の左脛骨中央部の横断面の比較
（縄文人は北海道虻田町高砂貝塚1号人骨、現代人は東北大学医学部所蔵の東日本人骨）

四肢骨

　縄文人の四肢骨で重要な特徴は、大腿骨の柱状性と脛骨の扁平性である。このような形態特徴が日本石器時代人、すなわち今でいう縄文人、に観察されることはすでに明治時代から知られていた（小金井、1890a；Koganei, 1893-1894）。大腿骨の後面には粗線という筋肉の付着線が上下に伸びているが、縄文人ではこの粗線が強く発達して付け柱（ピラスター）状になっているのが普通である。柱状大腿骨という。大腿骨を横断してみると、図3に示したように、この付け柱がうちわの柄のように後ろに飛び出している。

　下腿骨の一つに脛骨という太い骨があるが、図4に示したように、縄文人では脛骨の断面は前後に長く左右から押しつぶされたように扁平になっている。扁平脛骨という。柱状大腿骨や扁平脛骨の形成は、縄文人の狩猟採集活動にともなう骨への力学的負荷に起因していると、一般に考えられている（木村、1980；岡崎、2009）。

身長

　古人骨の身長推定には、四肢骨の長さに対してピアソンの式や藤井の式が用いられるのが普通である。ピアソンの式は、現代フランス人のデータから導かれた身長推定式で（Pearson, 1899）、藤井の式は現代日本

人のデータにもとづいている（藤井、1960）。岡山県の津雲貝塚後晩期人について、大腿骨の長さを用いてピアソンの式で平均身長を推定すると男性で160.2cm、女性は147.3cmとなる（Kanaseki and Tabata, 1930；山口、1982）。関東地方の縄文人については、北里大学の平本嘉助氏が大腿骨の長さをもとにして藤井の式で身長推定をおこなっているが、それによると男性平均が159.1cm、女性平均は148.1cmという数値が得られている（平本、1972）。

　このような数学的方法による身長推定の信頼性を確かめるために、東北大学の大学院学生であった佐伯史子氏は、5年間もかけて日本国内の人類学研究機関が保有する全身骨格が復元可能なほぼすべての縄文人骨（男性10例、女性10例）を用い、解剖学的な方法で身長の復元を試みた（佐伯、2006）。縄文人男性人骨の出自は、北海道2例、東北地方2例、関東地方2例、関西地方4例で、女性人骨の出自は、北海道6例、東北地方3例、関西地方1例であり、時期は縄文時代前期から晩期にわたっている。まず、身長を構成する頭骨・脊柱・骨盤・大腿骨・脛骨・足骨を仰向けの姿勢で連結して全身骨格を復元した（図5）。次いで、東北大学の解剖学実習用に提供されたご遺体を用いて、頭皮、足底などの軟組織の厚さを計測し、全身骨格長に軟組織の厚さを加えて縄文人の身長を推定した。男性では変異幅が152.7cm～170.5cmで、平均身長は162.7cmとなり、女性では変異幅144.7cm～157.1cmで、平均身長が149.3cmとなった。

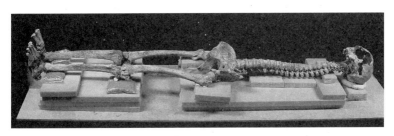

図5．解剖学的方法によって復元した縄文人の全身骨格
（岡山県津雲貝塚TH1号）

解剖学的方法では、数学的方法より男性で2～3cm、女性で1～2cm平均身長が高く推定されている。理屈の上では解剖学的方法による身長推定が最も正確であるが、男女とも調査できたのは10例のみなので、縄文人の平均身長が正しく推定されているかどうかは定かでない。したがって現段階では、縄文人男性の平均身長をおよそ161cm、女性の平均身長をおよそ149cmと見積もっておけば大きな誤りはないと思われる。大正時代の日本人の平均身長が男性で162.0cm、女性で149.9cmと報告されているので（Matsumura, 1925；平本、1972）、前期から中・後・晩期にかけての縄文人の身長がとくに低かったとはいえないようである。

計測的特徴

　次に計測値からみた縄文人の特徴を述べてみる。表1に頭骨の主要計測値と示数を、東日本縄文人と関東地方の現代人の間で比較した結果を示してみた。脳をおさめている脳頭骨では最大長、最大幅ともに縄文人の方がやや大きいようである。しかし、最大長に対する最大幅の比である頭骨長幅示数には変わりなく、ともに中頭型に分類される。

　顔面骨では、顔の幅を表す頬骨弓幅は縄文人で大きく、逆に鼻骨の付け根（ナジオン）から上顎骨の最下端（アルベオラーレ）までの長さを表す上顔高は縄文人で小さい。したがって、頬骨弓幅に対する上顔高の比である上顔示数は、縄文人の方が小さくなる。縄文人の顔は幅に対して高さが低かったことがわかる。縄文人の鼻骨最小幅は大きく、これは縄文人が幅の広い鼻骨をもっていたことを示している。鼻骨立体示数は、もともと鼻骨平坦示数として計測法が定義されたのであるが（Woo and Morant, 1934；Yamaguchi, 1973）、この示数が大きいと左右の鼻骨の水平湾曲が強いことを表すので、ここでは鼻骨立体示数と表現してみた。鼻骨立体示数は縄文人で大きく、縄文人の鼻根部が立体的であることが明らかである。

　東日本縄文人と関東現代人の上肢骨と下肢骨の主要計測値と示数の比較結果を、それぞれ表2と表3に示した。上肢骨では、縄文人の鎖骨と

第1章　縄文人とは

表1．東日本縄文人と関東現代人の頭骨の主要計測値の比較（男性）

	東日本縄文人		関東現代人
頭骨最大長	183.3mm		181.7mm
頭骨最大幅	143.9mm	>	141.5mm
頭骨長幅示数	78.6		78.0
頬骨弓幅	141.7mm	>	136.0mm
上顔高	68.5mm	<	72.5mm
上顔示数	48.4	<	53.3
鼻骨最小幅	10.0mm	>	7.1mm
鼻骨立体示数	42.5	>	37.5

＞＜：5％水準で有意差あり

表2．東日本縄文人と関東現代人の上肢骨計測値の比較（男性）

	東日本縄文人		関東現代人
鎖骨			
最大長	152.1mm	>	147.3mm
上腕骨			
最大長	294.1mm		297.7mm
中央断面示数	73.3	<	78.5
橈骨			
最大長	235.8mm	>	225.9mm
尺骨			
最大長	255.3mm	>	242.3mm
橈骨上腕骨示数	80.2	>	75.9

＞＜：5％水準で有意差あり．瀧川（2005）による

　前腕の骨である橈骨と尺骨が関東現代人よりも長いことが目を引く。縄文人は肩幅が広く、前腕が相対的に長かったのである。前腕が相対的に長かったことは、上腕骨に対する橈骨の長さの比を表す橈骨上腕骨示数が大きいことからも明らかである。上腕骨の中央断面示数が縄文人で小さいのは、縄文人の上腕骨が前後に扁平であることを示している。

　下肢骨では、大腿骨の中央断面示数（柱状示数）が大きく、逆に脛骨

表3. 東日本縄文人と関東現代人の下肢骨計測値の比較（男性）

	東日本縄文人		関東現代人
大腿骨			
最大長	419.9mm	>	412.8mm
中央断面示数	115.6	>	105.8
脛骨			
最大長	349.0mm	>	334.3mm
中央断面示数	66.4	<	73.5
腓骨			
最大長	339.2mm	>	328.4mm
脛骨大腿骨示数	83.1	>	81.0

> <：5％水準で有意差あり．瀧川（2005）による

の断面示数（扁平示数）が小さいのは、縄文人の大腿骨が柱状であり、脛骨が扁平であることを示している。縄文人の大腿骨と脛骨や腓骨の長さはいずれも関東現代人よりも大きいが、大腿骨に対する脛骨の長さの比を表す脛骨大腿骨示数が大きいので、縄文人の脛骨が相対的に長いことが明らかである。縄文人は前腕だけでなく、下腿も相対的に長いのである。ついでに言うならば、手足の甲や指の骨も、縄文人は現代本土日本人よりも長いことが報告されている（Yamaguchi, 1990, 1991）。

　上腕骨中央部が前後に扁平である、大腿骨が柱状を呈する、脛骨が扁平であることなどに加えて、遠位に位置する前腕骨や下腿骨が相対的に長いといった縄文人にみられる特徴は、ユーラシアの後期旧石器時代人ばかりか現代のさまざまな狩猟採集民にもみられるので、これらの特徴は狩猟採集といった生業と関係していると考えられている（山口、1981a,1982；Yamaguchi, 1982）。しかし、上腕骨に対する橈骨の長さの割合と大腿骨に対する脛骨の長さの割合は、新生児から乳児期の段階で決まってしまうという研究報告（Mizushima, 2009；Temple et al., 2011）や、縄文人の四肢長骨は北海道で長く沖縄で短いといった地理的勾配を示すが、上腕骨に対する橈骨の長さの比率と大腿骨に対する脛骨の長さの比率はほぼ一

定であるという研究結果（Fukase et al., 2012a）に鑑みると、縄文人の前腕と下腿が相対的に長いといった特徴は、かなり強く遺伝的因子に規定されているのではないかと思われる。

そんなわけで筆者は、頭骨では眉間から鼻背部にかけての立体性、歯ではサイズが小さくシャベル状切歯が少ないこと、四肢骨では大腿骨の柱状性と脛骨の扁平性に加えて、近位骨と遠位骨のプロポーションが、縄文人の形態の諸特徴の中で最も重要なものと捉えている。

3．縄文人の地域差

縄文土器は、北は北海道から南は沖縄諸島まで南北約 3000km にも及んで分布しているのであるから、その土器の使用者であった縄文人の形態的特徴に大きな地域差があったと考えるのが自然である。

四肢骨

縄文人の四肢骨の地域差について、最近深瀬均氏らによって興味深い論文が発表された（Fukase et al., 2012a）。琉球大学・沖縄県立博物館・長崎大学・北海道大学の共同研究であるが、北海道、東北、関東・東海、九州、沖縄地方それぞれの、縄文前期から晩期にかけての上腕骨、橈骨、大腿骨、脛骨の長さを調べたものである。日本列島を北から南までの 5 地域に分け、しかも各地からかなりまとまった数の男性四肢骨を選び出し、体系的に調査したのはこれがはじめてである。この研究結果の概要を図 6 に示した。

上腕骨、橈骨、大腿骨、脛骨のいずれも、その長さは北海道から沖縄に向かって徐々に短くなる地理的勾配がみられる。深瀬氏らは、このような地理的勾配は、恒温動物の体は、寒冷地では、体熱の放散を少なくするために大きくなるというベルクマンの法則に則ったものであると考えている。もし本当にベルクマンの法則が適応されるとしたら、人間の寒冷地への適応は、縄文時代以前から縄文時代にかけての 2 ～ 3 万年とい

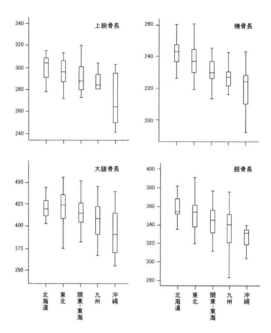

図6．縄文人男性の上腕骨長・橈骨長・大腿骨長・脛骨長を北海道、東北、関東・東海、九州、沖縄について比較した箱ひげ図

う期間でなしとげられた可能性があるので、まさに驚きである。最近主流となっている現生人類の拡散についての学説は、今からおよそ6万年前にアフリカを出発した現生人類が地球上に拡散したとみなすもので、寒冷適応が2～3万年くらいの期間でなしとげられるのであれば、現在みられるヨーロッパ系、アジア系、オーストラリア系などといった、いわゆる"人種形成"も6万年もあれば十分にすぎるように思われる。

縄文人四肢骨の地域差については、東北大学の助教をしていた瀧川渉氏の詳しい研究もある（瀧川、2006）。日本列島を北海道、東北、関東、東海、山陽、九州に分けて、それぞれの地域から、縄文前期から晩期までの男性と女性の四肢骨を可能な限り多数選んで計測した。調べた四肢骨は上腕骨、橈骨、尺骨、大腿骨、脛骨、腓骨で、計測項目は最大長の

第1章　縄文人とは

ほか、骨の中央部の前後径と横径にも及んでいる。注目すべき所見は、18項目の計測値にもとづいて、マハラノビスの距離という計測値の差を総合的に評価する形態距離を算出すると、北海道、東北、関東、東海、山陽、九州間の相互距離の平均は、縄文人男性では8.64となり、対応する地域間の現代日本人男性の相互距離の平均値3.25の約2.5倍、女性縄文人は、現代人女性の平均値4.70の約3倍の14.73にものぼることである。この結果は、北海道、本州、九州では四肢骨に関する限り、縄文人は現代日本人よりもはるかに地域差が大きかったことを物語っている。

　男性の大腿骨の中央断面示数は、北海道、東北、関東、東海、山陽、九州ともいずれも110を超えているので、柱状性は強いといってよいが、沖縄の摩文仁ハンタ原遺跡の縄文人男性では平均105.1で現代人なみである（松下・松下、2011）。同様に男性の脛骨の中央断面示数も、北海道から九州までの6地域では70未満であるのに対して、沖縄の摩文仁ハンタ原遺跡では平均で73.6という数値が得られており扁平脛骨とはいえない。このように沖縄の縄文人は、大腿骨の柱状性や脛骨の扁平性において、他地域の縄文人とはかなり異なっているようである。

　かかとの骨である踵骨は、その上にかぶさる距骨と前・中・後の3つの関節面によって連結している。東北大学の大学院生であった田中健太郎氏は、この関節面の中で前・中の関節面は連続するものと分離するものがあることに注目して、縄文人におけるその出現頻度を地域別に集計してみた（田中、2004）。それによると前・中関節面の連続型は、北海道・東北で81.9％と多く、関東・東海および中国・九州ではそれぞれ62.4％、66.9％で、北海道・東北より少ないという地域差をみいだした。日本列島の東西における生業活動の違いが、足骨にかかる負荷環境を変えたために、このような地域差が生じたと田中氏は考えている。

　一般に四肢骨の形態は、環境要因（とくに日常の生業活動に起因する骨にかかる加重）に影響されるのだから、多様な狩猟採集生活を送っていた縄文人では、地域差が大きくなるのは当然であると理解されている。しかし前述したように、四肢骨のプロポーションはかなり強く遺伝的要

II

因に規定されている可能性があり、聖マリアンナ医科大学の水嶋崇一郎氏は、四肢骨の頑丈性や大腿骨骨体上部の扁平性はすでに胎生期に発現していることを示唆している（水嶋ほか、2010）。このような所見から判断すると、四肢骨にも、集団間の系統の違いを表す特徴が少なからず潜んでいるのではないかと思われる。

頭骨

縄文人頭骨の計測値の地域差については、国立科学博物館の山口敏氏の先駆的な研究がある（山口、1981a）。その結果を図7に示したが、脳頭骨・顔面骨の計測値7項目に、関東地方から中部地方（吉胡貝塚）を経て中国地方（津雲貝塚）に向かうきれいな地理的勾配が認められる。鼻頬骨角というのは顔面上部の扁平性を表すもので、この値が大きくなるほど顔が平坦になることを意味している。ただし、これらの項目の地域差はそれほど大きなものではなく、ほとんどが津雲縄文人の平均値の1標準偏差内におさまっており、差が最も大きい関東と津雲間の鼻頬骨角でも1.5標準偏差程度の違いである。このような地理的勾配がどうして生じたのかは、まだよく分かっていない。

東北大学の大学院生であった前田朋子氏は、下顎骨の計測値を用いて縄文人の地域差を研究した。それによると、下顎枝の幅は東北、関東、東海、中国、九州にはほとんど変化がないが、北海道では男女とも著しく大きくなるという（前田、2004）。前田氏は、下顎枝には咀嚼筋（ものを咬むときに働く筋肉）が付着するので、海産大型動物への依存度が高かった北海道では、食生活をはじめとした生活様式が本州や九州とは異なっていたので、そのように幅の広い下顎枝が形成されたのであろうと考察した。

前田氏はさらに、筆者が専門に研究している頭骨の形態小変異の一つである、顎舌骨筋神経管の出現頻度の地域差も調べた。縄文人における顎舌骨筋神経管の出現頻度には、北海道26.7%、東北14.8%、関東7.8%、東海5.2%、中国7.3%、九州6.9%というように、北から南に向

第1章　縄文人とは

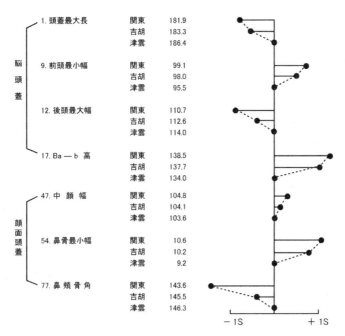

図7．関東縄文人と愛知県吉胡貝塚縄文人における頭骨主要計測値の岡山県津雲貝塚縄文人からの偏差折線

かって減少する地理的勾配が認められた。一般に形態小変異の"ある・なし"は遺伝的な要因に左右されると考えられているが、顎舌骨筋神経管は下顎枝の内面にある神経溝に骨橋ができるもので、これも下顎枝の幅と同様、食性の違いによる咀嚼筋の作用と何らかの関係があるのではないかと推測された。しかし、5〜12世紀頃北海道のオホーツク海沿岸部に栄えたオホーツク人は、北海道縄文人よりもさらに海獣狩猟や漁労に特化した生業に依存し、下顎枝の幅も大きく歯のすり減りも極端に進んでいたにもかかわらず、顎舌骨筋神経管の出現頻度は北海道縄文人よりも低いので、顎舌骨筋神経管の発現は、単に咀嚼筋の作用環境に起因していると断じるわけにもいかないと述べている。

　顎舌骨筋神経管については山口敏氏と山野秀二氏による先行研究が

13

あり、これによると北アメリカの先住民では概して出現頻度が高いが、イヌイット（エスキモー）やオーストラリア先住民、ポリネシア人では東本州縄文人よりもはるかに出現頻度が低い（Yamano and Yamaguchi, 1976）。このように狩猟採集に少なからず依存していた集団間にも、顎舌骨筋神経管の出現頻度に違いがみられるほか、ロンドンのスピタルフィールズの教会地下納骨堂から発掘された中・近世の人骨群にかなりの高頻度で顎舌骨筋神経管が観察された（Jidoi et al., 2000）。教会の記録によれば、これらの人骨はロンドン下町の中産階級の人々の遺骨であるというから、咀嚼筋がとくに酷使されていたとは考えられない。

　このような所見から判断して筆者は、顎舌骨筋神経管の発現にはやはり、遺伝的因子がかなり強く関与しているであろうと考えている。もしそうであるならば、日本列島の縄文人にみられた北から南へ向かう顎舌骨筋神経管の出現頻度の地理的勾配にも、何らかの遺伝的背景があったと思われる。しかし、その理由は今のところまだうまく説明することができない。

4．縄文人の均質性

　深瀬氏や瀧川氏が明らかにしたように、日本列島の縄文人の四肢骨にはかなり大きな地域差があったようである。では、頭骨にみられた地域差はどの程度のものであったのであろうか。

　この点についても、山口敏氏の先駆的な研究がある（山口、1982；Yamaguchi, 1982）。男性頭骨の計測値 22 項目を用いて、「ペンローズの距離」という計測値の差異を総合的に評価する指標を計算すると、関東地方、中部地方（吉胡貝塚）、中国地方（津雲貝塚）の縄文人相互の距離は、東北、北陸、畿内地方の現代人相互の距離と同程度であるという結果が得られた。その後筆者も、東北地方の縄文人男性を調査したが、東北地方の縄文人頭骨は計測値の上では関東地方縄文人の頭骨とほとんど変わるところがなく、本州西部の縄文人頭骨との間に地域差を認めたとしても、そ

第1章　縄文人とは

れは本州の現代人間にみられる地域差より小さいか、あるいは大きく見
積もってもそれと同程度であろうと結論している（百々、1982）。続いて
北海道南部の縄文人頭骨も調査したが、男性頭骨の地域差についてはほ
ぼ同様な結果を得た（Dodo, 1986a）。このようなわけで、山口敏氏や筆者
は、頭骨に関する限り、日本列島の縄文人はかなり均質な集団であった
と主張してきた。

　これに対して、瀧川渉氏は、文献から引用した本州と九州の縄文人と
現代人頭骨の計測値12項目を用いて男女別に地域差の分析を行い、その
結果と考察を次のように記載している。

　　縄文人集団の時間幅が圧倒的に大きいのにも拘わらず、男性では地域間距
　離の平均が現代日本人とほぼ同等となっている。ところが女性はこれとは異
　なり、縄文人集団の分布領域も平均距離も現代日本人より明らかに大きいの
　である。これらの結果に鑑みると、縄文人集団が日本列島全体にわたって均
　質であるかのようなイメージが形成されるに至ったのは、従来多くの研究者
　が男性の頭蓋を主体として観察を行い、またその計測値に基づいて分析を実
　施したからではないかとの推測が成り立つ。

（瀧川、2006）

　確かに筆者自身も含めてこれまでの研究者は、主として男性頭骨を計
測の対象としてきたのは事実である。縄文人女性頭骨の地域差について
は、瀧川論文の追試も含めて今後より詳細な検討が必要であろう。

　また、縄文人骨のミトコンドリア DNA の分析をおこなっている山梨大
学の安達登氏は、DNA のハプログループ（同じような遺伝子配列パター
ンの集合）の分布からみると、縄文人はとても均質な集団とは思われな
いので、「縄文人」という表現を避けて、縄文時代に生きた人々という意
味で、あえて「縄文時代人」という用語をもちいている。確かに DNA
分析は形態学的な分析よりも解像度が高いので、ハプログループによっ
て縄文人を細分していけば、考古学的な証拠が示す文化的な地域差と

15

対応させることができるかもしれない（篠田、2012）。しかし、どこまで縄文人を細分するのかは、研究の目的によって左右される。一歩間違えば、かつておこなわれていたような細かな人種分類を再燃させる危険性があるのではないかと思われる。形態学的研究が各地の縄文人に共通する特徴をみいだしているのと同様に、DNA分析でも日本列島の縄文人に共通する遺伝子型を探る努力を怠ってはならないと、筆者は考えている。

　頭骨の分析には、計測によるものに加えて形態小変異を指標にしたものもある。頭骨の形態小変異の詳細については第3章で詳しく解説するが、形態小変異には出現頻度の男女差がほとんどみられないので、男女を一括して分析に用いることができるという利点がある。

　ここではまず、歯の形態小変異にもとづいた縄文人の地域差の研究結果を紹介してみたい。札幌医科大学の松村博文氏は（Matsumura, 2007）、北海道、東北、関東、東海、山陽、それぞれの地域から統計解析に十分な数の縄文中・後・晩期人骨を選び出し、それぞれの地域について歯の形態小変異21項目の出現頻度を求めた。出現頻度は男女を一括した資料にもとづいている。次いで出現頻度の差を総合的に表す「スミスの距離」という距離を計算し、近隣結合法という方法で北海道アイヌ、渡来系弥生人、古墳時代人、および本州現代人とともに縄文人各集団の類縁図を描いたのが図8である。北海道から山陽にかけての5地域の縄文人は北海道アイヌとともに1群をなしてまとまっており、その相互の地域差はきわめて限られたものである。さらに北海道・東北・関東を東日本、東海と山陽を西日本とし、東日本と西日本の縄文人を比較するとその違いはさらに小さくなるという。したがって、歯の形態小変異の分析からも、これまで多くの形態学の研究者によって指摘されてきたように、縄文人はかなり均質な集団であったとみることができる。

　最近筆者らも、頭骨の形態小変異を指標にして縄文人の地域差を検討した（百々ほか、2012a）。北海道縄文人、東本州縄文人（東北・関東）、および西日本縄文人（中国地方・九州）について、形態小変異9項目の出現頻度にもとづいたスミスの距離を算出したが、その結果、北海道

第 1 章　縄文人とは

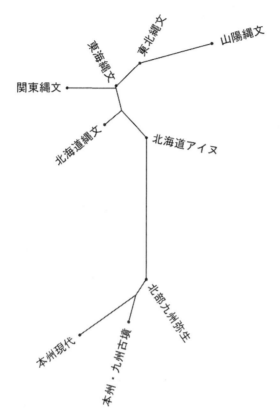

図8. 歯冠形質21項目にもとづいて描いた、縄文人5地域集団と北海道アイヌ・
　　弥生人・古墳人・現代人の近隣結合法による類縁図

縄文人と東本州縄文人間のスミスの距離は 0.0125 で、統計学的に意味のある差異ではなく、東本州縄文人と西日本縄文人間のスミスの距離も 0.0145 で、統計学的に意味のある差異は認められなかった。ちなみに北海道縄文人と北東北江戸時代人間のスミスの距離は 0.1596 で、縄文人間の距離の 10 倍を超える。このことからみても、北海道から九州にかけての縄文人はかなり均質な集団であったのではないかと考えられる。
　この論文を公表するにあたっては、ちょっとした苦労話があっ

たので、ここでそのことに少しだけ触れておきたい。論文を投稿した時点では、北海道と東北地方・関東地方の縄文人を東日本縄文人、中国地方と九州の縄文人を西日本縄文人として、縄文人を2集団に分けて分析を行っていた。論文投稿後、専門誌の編集委員会の判定は「論文を小修正すれば受理可」ということであったが、査読者の一人の意見は、最近の縄文人骨のミトコンドリアDNAの分析結果によれば、北海道と東北地方の縄文人に若干の違いがみられるので、北海道の縄文人を独立させて分析した方がよいというものであった。形態小変異の場合出現頻度が問題になるので、信頼できるデータを得るためにはある程度まとまった数の人骨を必要とする。資料データを見直してみると北海道の縄文人の頭骨総数が70例あったので、査読者の意見にしたがって北海道の縄文人を一つの独立した集団として扱うことにした。そして東北地方と関東地方の縄文人を東本州縄文人、中国地方と九州の縄文人を西日本縄文人として、縄文人を3集団に分けて分析をやり直してみることにした。こうなると、出現頻度の再集計から形態距離の再計算、図表の作り直しなど、一からすべて研究のやり直しとなり、小修正の範囲ではなくなってしまった。しかし、北海道の縄文人を独立させたことで、アイヌとの関連を調べるその後の研究が非常にやりやすくなったので、丁寧に査読し適切な助言をしてくれた査読者には今では大いに感謝している。やはり独りよがりは大変危険なことで、第三者の意見を素直に聞くことの大切さをあらためて思い知らされた次第である。

　話を本題に戻す。

　沖縄の縄文時代人の四肢骨は、大腿骨の柱状性も脛骨の扁平性も弱く、本土の縄文人とは様相を異にしていることは先に述べた。数年前に、頭骨についても『先史沖縄人「縄文」と一線』という新聞報道がなされた（読売新聞、2009）。内容は、沖縄貝塚人の頭骨は、奥行きや顔の長さが著しく短いという本土にはみられない傾向を示し、縄文人の地域性というだけでは説明しきれないというものであった。しかし研究論文もデータも発表されていなかったので、筆者はこの新聞記事をどのように

第 1 章　縄文人とは

評価したらよいか判断に迷っていた。沖縄先史時代人（貝塚時代人）には、頭を上からみると、前後方向の長さが横方向の長さとあまり変わらず、"おむすび"のような形をしているものが多いといわれているが、筆者は常々このような頭の形は、人工的な変形によるものである可能性も視野に入れておかなければならないと考えていた。

　その後 2012 年になってようやく、沖縄諸島の後晩期縄文人頭骨についての研究成果が、琉球大学の深瀬均氏（現在北海道大学）らによって学会の専門誌に発表された（Fukase et al., 2012b）。沖縄先史時代人の身体的特徴については、一般向けの本や雑誌でしばしば紹介されてきたが（土肥、1998, 2003, 2012；安里・土肥、1999）、本格的な研究論文はこれがはじめてである。深瀬氏たちは、ノギスや三次元計測器を用いて沖縄縄文人の顔面部の詳細な計測をおこなった。その結果、沖縄縄文人は左右の眼窩の間の部分（鼻根部）が幅広くやや平坦であるが、基本的には本州の縄文人と変わるところはないという結論に達した。今のところ沖縄諸島の縄文人についての研究論文はこれだけで、頭骨の形態小変異や歯の計測的・非計測的特徴の研究も待ち望まれるが、北海道や本土と違って沖縄の人骨資料を調査するのはなかなか難しいようで、いまだに研究成果が発表されていない。

　深瀬氏らの論文に対して反論が寄せられていないので、彼らの主張が正しいとすると、頭骨に限ってみれば、日本列島の縄文人はかなり均質であったと考えて差し支えないようである。均質という言葉が誤解を与えるようであれば、深瀬氏らも述べているように、頭骨の顔面部の基本的な特徴は、北は北海道から南は沖縄諸島に至る縄文人に共通してみられると言い換えておこう。その顔面部の特徴というのは、前にも述べたように、眉間から鼻骨にかけての部分が凹凸に富み非常に立体的である点である。

　このような形態的特徴が、縄文人の頭骨を観察するにあたって最も大切であるということは、筆者が国立科学博物館に在職していたときに、東京大学名誉教授であった鈴木尚先生が教えてくれた。筆者は 40 年以

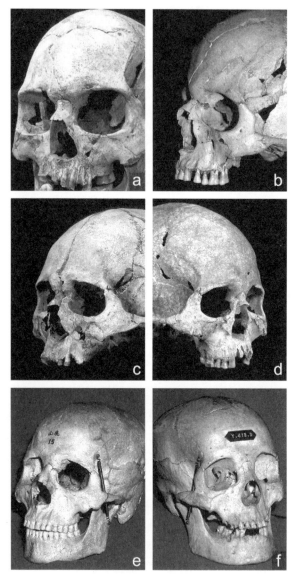

図9．各地域の縄文人（a〜e）と大陸系弥生人頭骨（f）の比較（男性）
（a. 北海道八雲コタン温泉遺跡16号、b. 岩手県宮野貝塚104号、c. 茨城県若海貝塚1号、d. 沖縄県具志川島2006、e. 福岡県山鹿貝塚15号、f. 山口県土井ヶ浜遺跡413号）

第1章　縄文人とは

上にわたる研究生活を通して、この鈴木先生の教えが本当であることをますます強く確信するようになった。そのような特徴は男性頭骨によりはっきりと表れている。その具体例を図9に示した。眉間から鼻の付け根、そして鼻骨に至る部分をじっくりと観察していただきたい。図の下段に、福岡県の山鹿貝塚から得られた縄文人と大陸渡来系と考えられている山口県の土井ヶ浜遺跡の弥生人頭骨を並べてみたが、土井ヶ浜弥生人の眉間から鼻骨にかけての部位がきわめて平坦であることに、すぐに気づくであろう。

5. 縄文早期人

　これまで述べてきた縄文人骨は、佐々木高明氏が"縄文文化の成熟期"と呼んでいる前期から晩期にかけてのものであった。それでは、縄文文化の"胎動期"に位置づけられる草創期や縄文文化の"形成期"とされる早期の人骨はどのような特徴をもっていたのであろうか。残念ながら確実に縄文草創期といえる人骨はまだ発見されていないが[1]、縄文早期（C14年代で10000～6000年前）になると、ある程度まとまった数の人骨が知られるようになってきた。

"きゃしゃ"な早期人

　縄文早期人の形態的特徴についてまとまった研究を最初におこなったのは、新潟大学の小片保氏であった（小片、1981）。小片氏が研究対象とした早期人骨は、愛媛県上黒岩岩陰遺跡、大分県川原田洞穴遺跡、新潟県室谷洞穴遺跡、栃木県大谷寺洞穴遺跡、広島県観音堂洞穴遺跡のように本州・四国・九州に及ぶ広い範囲から集められた人骨である。小片氏によれば、縄文早期人の最大の特徴は、全身骨がいちじるしく繊細で、性別判定が困難なほど女性的で"きゃしゃ"なことである。もっと具体的にいえば、頭の骨では下顎骨を含めた顔面骨の発達が弱く低顔で、四肢骨ではいずれも周径が小さく"きゃしゃ"である。さらに歯のすり減

りがきわめて強い。この点で縄文早期人は中期以降の縄文人とは大きく異なる。縄文前期人は早期から中期以降の縄文人への移行型とみなされるが、縄文人の自然環境と生活は、中期を境にして大きく転換したと考えられるので、小片氏は、縄文人を早・前期人と中・後・晩期人の２群にわけて計測値の詳細な比較をおこなった。その結果、ひと言でいえば、早・前期縄文人は"きゃしゃ"、中・後・晩期縄文人は"がんじょう"であると結論してよいとのことであった。

　一方京都大学の池田次郎氏は、小片保氏が分析した縄文早・前期人骨の多くが山間部の洞穴遺跡や岩陰遺跡で発見されているのに対して、後・晩期人骨が主として海岸部の貝塚遺跡から発掘されたものであることに注目して、早・前期人と後・晩期人の違いは単に時代差によるものだけではなく、遺跡の立地条件の影響を受けているのではないかと考えた。そこで、早・前期人と後・晩期人のそれぞれを、山間部由来と海岸部由来に分けて比較してみると、海岸部の縄文人は山間部の縄文人より"がんじょう"になる傾向があることが明らかになった。時代差と遺跡の立地条件を組み合わせて考えると、早・前期の洞穴人骨 → 早・前期の貝塚人骨 → 後・晩期の洞穴人骨 → 後・晩期の貝塚人骨の順に"がんじょう"になるという（池田、1985, 1998）。このような早・前期人と後・晩期人の違いは、栄養条件に加えて労働環境の違いをも反映しているのだろうと、池田氏は考えている。

縄文前期人

　池田次郎氏は、青森県から九州に至るまでの縄文前期人骨の特徴についても、簡単に記載している。それによると貝塚出土の前期人には"がんじょう"なものもあるが、山間部の洞穴遺跡から出土した前期人は、早期人ほどではないにしても総じて"きゃしゃ"な骨格を備えているという（池田、1985）。埼玉県の越生町の夫婦岩遺跡から出土した縄文前期の成人男性の全身骨格を記載した山口敏氏も、顔面骨はいちじるしく低く、強い歯の摩耗があり、しかも四肢骨は繊細で、小片氏が言うよ

第1章 縄文人とは

うな早期人に共通する特徴がみられることを指摘している（Yamaguchi, 1992a）。ただしこの人骨のC14年代は6510±200年前ということなので、縄文早期まで遡る可能性も残されている。

北海道の貝塚遺跡では、道南部の噴火湾に面した伊達市の北黄金貝塚から全部で13体の縄文前期人骨が発掘されている。筆者が札幌医科大学に在職していたときに、その人骨を何度も観察する機会があったが、それらの人骨が"きゃしゃ"であるという印象はまったく受けなかった。札幌医科大学の三橋公平氏によると（三橋、1972）、4号成人男性人骨の頭骨は前後方向の最大長が205mmもあり、縄文後・晩期の津雲貝塚人男性の上限を超えており、最大幅も153mmで津雲縄文人の上限をわずかに超えていた。大腿骨の長さから推定された身長164.4cmも、小片氏が推定した縄文早・前期人の男性平均157.5cmよりも約7cmも高い。

2号成人女性人骨も頭骨の最大長は190mmで、津雲貝塚縄文人女性の上限を超えていた。推定身長は151.1cmで、これも早・前期の女性平均値147.2cmより4cmほど高い。筆者が実際に研究することができたのは13号女性人骨だけであったが（百々ほか、1986）、これも脳頭骨の全体の大きさは後・晩期人に匹敵し、顔の高さを示す上顔高や上顔示数、それに下顎骨全体の大きさを表す下顎長や下顎枝の高さや幅もすべて後・晩期と同等か、それを超えるほどであった。四肢骨は上肢骨、下肢骨ともすべて後・晩期人より長く、骨の太さの指標になる中央周径も後・晩期人を上回っていた。大腿骨の長さから推定した身長は153.6cmで、これも早・前期女性平均値の147.2cmをはるかに上回っていた。ただ歯の摩耗は強く、前歯はほぼ根っこまですり減っていた。

このように北海道の北黄金貝塚の縄文前期人は、13号人骨のように歯のすり減りが強い点を除けば、本州・四国・九州の縄文早・前期人的ではなく、中・後・晩期人のように"がんじょう"であったといって差し支えない。このような"がんじょう"性は、深瀬氏らが明らかにしたような北海道縄文人の大きな体型に起因するのか、あるいは池田氏が主張するように貝塚出土の人骨だからなのかは定かではない。しかし、縄

23

文前期人も早期人と同様に"きゃしゃ"な骨格であったという見方は、北海道には当てはまらないようである。文化内容の転換という観点からみると、縄文早期と前期の間に大きな画期を認める考古学者が多く（池田、1998）、民族学者の佐々木高明氏は、縄文早期を縄文文化の"形成期"、縄文前期から晩期までを縄文文化の"成熟期"として区別している（佐々木、1991）。筆者の縄文前期人についての研究はごく限られたものでしかないが、北海道の事例を参考にすると、あるいは縄文人の身体的特徴も、早期人と前・中・後・晩期人の間に違いを求めるべきなのかもしれない。

中津川と蛇王洞の早期人

筆者が実見することができた縄文早期人は、愛媛県東宇和郡城川町の中津川洞穴遺跡から出土した成年女性人骨と岩手県気仙郡住田町の蛇王洞洞穴遺跡にて発見された成年女性人骨の2例のみである。いずれも山間部遺跡の早期人である。

中津川人骨は、1975年に国立科学博物館人類研究部が日本列島総合調査の一環として愛媛県城川町の黒瀬川洞穴の発掘調査を実施した際に、城川町教育委員会から人骨の復元と研究の依頼を受けたもので、当時国立科学博物館の平研究員であった筆者にその役割がまわってきた。不完

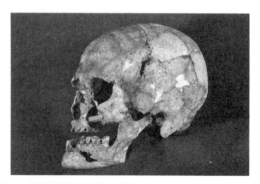

図10．愛媛県城川町中津川洞遺跡出土の縄文早期人頭骨（女性）

第1章　縄文人とは

全ながらも全身骨格が残り、頭骨では顔面骨もかなりの部分が復元され
たので、当時としてはかなり貴重な資料であった（図10）。全身の骨格は
繊細であったが、筋肉の付着部が女性にしては強く発達していたので、
性別判定に大変苦労した。わずかに残る骨盤の骨の形態から判断して、
この人骨を女性とみなして分析をおこなったのだが、後に上司であった
鈴木尚先生や山口敏先生から「女性でよいだろう」というお墨付きをも
らって、内心ほっとしたことを今でも鮮明に記憶している。小片保氏が
述べているように、縄文早期人の男性と女性の区別は実に難しいのであ
る。

　筆者がおこなった中津川人骨の分析結果は、四肢骨が細く全体として
"きゃしゃ"である、顔面が低い、鼻根部が立体的である、眼窩がほぼ水
平に位置する、下顎骨が小型である、身長が低い（推定148cm）、歯が著
しく摩耗している、などと要約される（百々、1976）。これらの特徴は、
これまでに報告されてきた縄文早期人に相通じるものである

　蛇王洞人骨は、大正年間に東北帝国大学地質学・古生物学教室の松本
彦七郎博士によって発掘されたもので、縄文早期人骨は東北地方では本
例が唯一のものである。長い間東北大学の標本館に眠っていたが、1997
年になってようやく東北大学の大学院生であった地土井健太郎氏が詳細
な研究報告を完成させた（地土井、1997）。人骨に伴う土器の特徴から判
断して縄文早期のものであると考えられていたが、何しろ今ほど技術が
発達していない昔の発掘なので、念のために人骨の一部を用いて放射性
炭素（C14）法による理化学的な年代測定を行った。その結果は7090 ±
60年前ということで、この人骨が縄文早期のものであることが確実に
なった。四肢骨は上肢、下肢ともほぼ完全に保存されるが、頭骨は顔面
骨の一部と下顎骨が残るだけであった（図11）。

　四肢骨は繊細で女性的であったが、顔面骨と下顎骨には男性を思わせ
る特徴もあり、この人骨の性別判定も困難をきわめた。可能な限りの計
測値について、男女別に早・前期人と後・晩期人との比較をおこなうこ
とにより性別の判定を試みた。その結果、縄文早期の女性人骨である可

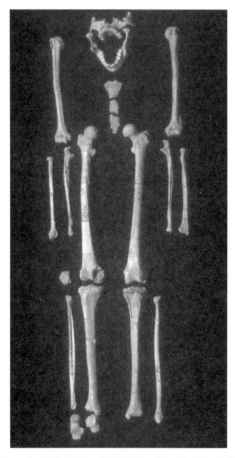

図11. 岩手県住田町蛇王洞遺跡出土の縄文早期人骨（女性）

能性が高いことが明らかになったが、性別判定だけで論文4ページも費やしている。地土井論文を要約してみると、蛇王洞早期人も四肢長骨が繊細で歯のすり減りも激しく、これまで指摘されてきたような早期人の形態的特徴を示しているが、その一方で下顎骨を含めた顔面下部の形態など平均的な早期人とは異なる特徴も備えていた。大腿骨の長さから推定される身長も149.7cmで、中・後・晩期人女性の平均値に近い。

第1章　縄文人とは

　この論文の付記には、蛇王洞人骨の各四肢骨の中央断面をX線CTス
キャナーで撮影し、縄文晩期人である北海道の有珠モシリ16B女性人
骨と比較したことが書かれている。微に入り細にわたる長い論文であっ
たが、実はこの付記の部分が地土井論文の最も重要な箇所ではないかと
思われる。蛇王洞の四肢骨は、外見上の繊細さとは異なり骨質の厚さは
有珠人骨と同程度、あるいはむしろそれより厚いとのことであり、した
がって"繊細"という表現は、外見上の"繊細さ"と改めるべきではな
いかと問題提起している。もともと小片保氏は、計測値が大きいものを
小さいものに比して"がんじょう"、小さいものを大きいものに比して
"きゃしゃ"と表現したのであり、骨の内部構造までは検討していない
（小片、1981）。今後正確を期す場合には、地土井氏が主張するように、
"がんじょう"を外見上の"がんじょう"、"きゃしゃ"を外見上の"きゃ
しゃ"と言い換えた方がよさそうである。

縄文早期人の再検討

　最近、京都大学名誉教授の茂原信生氏らは、長野県栃原岩陰遺跡出土
の縄文早期人骨についての詳細な論文を書いたが、その中で縄文早期人
全般の形態的特徴の再検討をおこなっている（香原ほか、2011）。遺跡ご
とあるいは個体ごとの違いが大きいので、まとめるのに相当苦労したよ
うであるが、早期人の特徴は概ね次のようになる。

　1）顔面骨が低い。
　2）下顎長が小さく、下顎枝高は低いが筋突起は前方に強く張り出す。
　3）下肢骨に比べてとくに上肢骨が細い。
　4）歯の摩耗が顕著で、下顎歯、とくに前歯部には歯頚にまで達する
　　　顕著な摩耗がある。
　5）山間部の洞穴遺跡から出土した早期人骨は、ほとんど例外なく上
　　　記の特徴を備えていて"きゃしゃ"ということができる。
　6）しかし、早期人骨の中には下顎骨の大きい個体も含まれており、

身長は変異に富んでいて一定の傾向はうかがえない。

　ここで早期人を含めた縄文人全体の形態的特徴について、筆者の考え
を述べておこう。縄文早期人の四肢骨が"きゃしゃ"であること、歯の
摩耗が著しく強いことなどの特徴は、不安定な気候条件のもと、生業や
栄養あるいは食環境の厳しさの影響を受けた結果を反映しているのであ
ろう。前期以降は気候が安定したことで定住生活が本格化し、栄養条件
や食環境が改善されることで生業活動がより活発になったために、四肢
骨が"がんじょう"になったと考えられる。しかし、"きゃしゃ"な縄文
早期人と"がんじょう"な縄文中・後・晩期人との間に、質的な違いは
あったのであろうか。筆者はそのようには考えない。頭骨では顔面が幅
に比して相対的に低く、眉間から鼻根にかけての部分が凹凸に富み立体
的で、眼窩が矩形を呈し、四肢骨では大腿骨に柱状性がみられ、脛骨は
扁平に傾き、遠位に位置する前腕や下腿の骨が相対的に長いといった特
徴は、早期から晩期に至るまで縄文人全般にみられることに注目する。
縄文早期人はコンパクトではあるが、立派な縄文人なのである。縄文人
にみられる形態的特徴、とくに四肢骨の特徴は、一般に狩猟採集という
生活環境への適応によってもたらされたと説明されているが、筆者はむ
しろ縄文人に共通した遺伝的な背景を重視している。誤解を恐れずにい
えば、地域差、時代差を超えて、縄文人は現代人に比べれば、遺伝的に
かなり均質な集団だったのである。このような考え方が正しいかどうか
は、近年急速に技術開発が進んでいる古人骨のDNA解析によって、い
ずれ明らかにされるであろう。

６．縄文人と旧石器時代人

港川人

　日本列島からも旧石器時代に相当する時期の人骨が少数ながら出土し
ていることが知られているが、そのほとんどは琉球諸島から得られてい

第 1 章　縄文人とは

る。最古の旧石器時代人骨は那覇市の山下町洞穴遺跡で発見された子ども
もの大腿骨と脛骨で、放射線炭素（C14）年代で今からおよそ 3 万 2000
年前の後期旧石器時代のものである。時代はやや新しくなるが、今のと
ころ人類学的に最も重要な資料は、沖縄本島南部の八重瀬町港川フィッ
シャー遺跡で、那覇市の実業家大山盛保氏が 1970 年に発見した港川人骨
である。個体識別のできる全身骨格が 4 例あり、1 号が男性、2、3、4 号
が女性である。C14 年代で約 1 万 8000 年前とされている。これらの人骨
は東京大学の鈴木尚氏らによって研究が進められ、発見からおよそ 10 年
後の 1982 年になって詳細な研究報告が刊行された（Suzuki and Hanihara,
1982）。

　1 号人骨は男性で、しかも顔面部も含めて全身の骨格がほぼ完全に
残っているので、とくに詳しく研究されている。鈴木氏は頭骨を中心に
研究をおこなったが、形態的特徴から、港川人は縄文人の遠い祖先に違
いないと結論した。その後、当時第一線で活躍する研究者たちが港川人
と縄文人の祖先・子孫関係を支持し（Hanihara, 1991；埴原、1994, 1995；
Baba et al., 1998）、あるいは祖先・子孫関係に関しては慎重な態度を取り
ながらも、港川人頭骨と縄文人頭骨にみられる類似性を追認している
（Yamaguchi, 1992b；馬場、2002）。筆者もその末席に名を連ねるが、「四肢
骨については縄文人とはかなり異なっているが、港川人と縄文人の頭骨
の形態的特徴に多くの共通点があることについては、異論をはさむ余地
はほとんどない」とまで述べている（百々、1995a）。

　このように港川人については評価がほぼ定まったかにみえたが、2000
年 11 月 5 日にとんでもない事件がおきる。旧石器発掘ねつ造が発覚した
のである（毎日新聞、2000）。港川人骨の正式報告書には出土状況の詳細
が記載されていなかったし、そして何よりも人骨に伴う石器等の人工遺
物がいっさい見つかっていなかったので、港川人骨の年代にも疑いの目
が向けられるようになった。慎重な性格である筆者は、この事件の影響
を受け、港川人についてはしばらく様子をみることにした。2010 年に発
表した論文では、早期現生人類化石を比較資料として使う必要があった
が、わざわざ港川人骨を除外したほどであった（Dodo and Sawada, 2010）。

29

これに対して、港川遺跡の発掘調査に実際に参加した国立科学博物館の馬場悠男氏は、「港川遺跡から旧石器が発見されないという理由で年代に疑問を呈する考古学者がいるが、どちらの判断が適切かは時間が解決するであろう」と反論した（馬場、2002）。

年代

その時間は2011年にやってきた。東京大学の諏訪元氏らが、東京大学と人骨の発見者である大山盛保氏が保存していた発掘記録を丹念に調査して、港川人骨の出土状況を詳しく報告したのである（諏訪ほか、2011）。それとほぼ同時に、港川遺跡のすぐ近くにある南城市のサキタリ洞穴遺跡で、沖縄県立博物館・美術館の研究員の手によって、C14年代で約1万2500年前の地層から、人間の歯と石器と考えられる石英の破片が発掘された（山崎ほか、2012）。現在ではこの洞穴遺跡のさらに深い地層から、C14年代で1万6400年〜1万9300年前の人骨2点と貝製品が発見されたことが伝えられている（山崎ほか、2014）。

これでもう港川人骨が、後期旧石器時代に相当する時期のものであることを疑う理由がなくなったといってよいであろう。そこで筆者は、港川人の研究報告書（Suzuki and Hanihara, 1982）に記載されている鈴木尚氏と馬場悠男氏の頭骨と四肢骨のデータを用いて、港川人と縄文人の主要な形態特徴を比較してみた。

頭骨

図12に港川1号男性頭骨模型の顔面部を示した。鼻骨は上1/3しか残っていなかったので、下2/3は筆者が粘土で復元したものである。港川人では、鼻骨の最小幅は1号男性、2号女性、

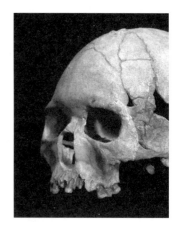

図12. 港川1号頭骨（レプリカ）

4号女性とも7.0mmで、縄文人平均値よりずっと小さい。筆者がもっている前期から晩期にかけての縄文人の計測データによると、鼻骨最小幅は男性で7.2mm～15.0mm、女性で7.4mm～13.4mmであるので、港川人の鼻骨の幅は男女ともは縄文人の下限に達しない。深瀬氏ら（Fukase et al., 2012b）のデータによると、沖縄の縄文人でも、男性の平均値が10.1mmであるというから、沖縄の縄文人の鼻骨の幅がとくに狭かったとはいえない。さらに港川人の鼻骨は、左右から指でつまんだように、正中部がナイフリッジ状になっている「pinched nasals」と呼ばれる形状を呈するという。筆者はこのような鼻骨が縄文人にもみられるかどうかを意識して観察したことはないが、縄文人にはあったとしても、かなり珍しいようである。

このように鼻骨そのものの形態は港川人と縄文人で異なっているが、図12に見られるように、眉間がお椀を伏せたように盛り上がり、その下の鼻の付け根（前頭鼻骨縫合）が深く陥没し、その先の鼻骨が前方に強く突き出ている形状は縄文人に普通に見られる特徴である。さらに顔面は幅に比して高さが低いこと、眼窩も低く矩形を呈することなどの特徴

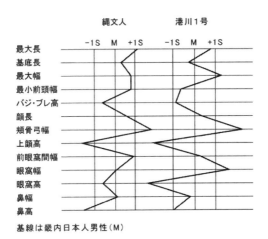

図13. 縄文人（津雲と吉胡貝塚）と港川1号人骨における頭骨主要計測値の畿内現代人からの偏差折線

も縄文人的である。

図13は頭骨の主要計測値13項目について、縄文後・晩期人と港川1号が、畿内現代人の平均値からどのくらい離れているかを偏差折線で示したものである。折れ線の左右への振れ方は、縄文人と港川1号ともほぼ同じ方向を向いている。このことは、港川1号頭骨の大まかな形態が縄文人によく似ていることを示している。

四肢骨

港川人の四肢長骨は男女とも、総じて縄文人より短い傾向にある。とくに鎖骨の短さが目につく。1号男性の鎖骨の長さは122mmで、小片（1981）の縄文中・後・晩期人の平均値149.4mmはもとより、早・前期人の平均値137.5mmよりもはるかに短い。同様に3号女性人骨の鎖骨長は112mmで、早・前期人の125mm、中・後・晩期人の131.9mmよりはるかに短い。上腕骨に対する前腕骨の長さの割合を示す橈骨上腕骨示数は、1号男性が74.9、2号女性が75.9で、ともに縄文人の平均値を下回っている。橈骨上腕骨示数は、男性では縄文早・前期人82.2、中・後・晩期人79.3で、女性では早・前期人77.2、中・後・晩期人78.0である。男性については、沖縄の縄文人のデータが深瀬氏ら（Fukase et al., 2012a）によって報告されているが、それによると橈骨上腕骨示数は81.7で、他地域の縄文人と変わるところはない。したがって、港川人の上肢では、遠位に位置する前腕の骨が縄文人ほど長くはなかったことになる。下肢も同様で、大腿骨に対してより遠位にある下腿骨が縄文人ほど長くはなかった。1号男性人骨の脛骨大腿骨示数は80.9と推定され、早・前期縄文人85.3、中・後・晩期縄文人84.3よりかなり小さい。沖縄の男性縄文人も83.2[2]で港川1号より大きい。3号女性人骨の脛骨大腿骨示数は78.6で、これも早・前期縄文人83.6、中・後・晩期縄文人82.4より明らかに小さい。

大腿骨の柱状性を示す中央断面示数は、男女とも縄文早・前期人と中・後・晩期人では110を超えるが、港川1号男性では101.9、2号、3

第1章　縄文人とは

号、4号女性ではそれぞれ 95.5、102.1、91.3 となっており、港川人では
大腿骨後面の付け柱（ピラスター）がほとんど発達していなかったこと
になる。脛骨の扁平性を示す中央断面示数は、3号女性が 65.4、4号女性
が 69.6 で、縄文人とほとんど変わるところがなく扁平な傾向を示す。し
かし、1号男性の断面示数は 70.4 で、早・前期人の 67.7、中・後・晩期
人の 69.8 より大きく、とくに扁平とはいえない。

　大腿骨の最大長からピアソンの式を用いて身長を推定すると、1号男性
は 156.1cm、3号女性は 146.6cm、4号女性は 142.9cm という値が得られ
る。縄文早・前期人男性では 157.5cm、女性では 147.2cm と報告されて
いるので、港川人のすべてがとくに低身長であったわけではない。深瀬
氏らの大腿骨長のデータを用いて沖縄縄文人男性の身長を推定すると、
155.8cm という値[2]が得られるので、港川1号人骨は沖縄縄文人の平均
的な身長であったと考えられる。

　鎖骨が著しく短い、上肢や下肢の遠位に位置する前腕骨や下腿骨が相
対的に長いとはいえない、大腿骨に柱状性がみられない、といった特徴
は縄文人とは大きく異なるが、港川人に大腿骨の柱状性がみられないこ
とについては、若干検討の余地がありそうである。

　大腿骨の柱状性は、クロマニオン人に代表されるユーラシア大陸の
後期旧石器時代人に共通して認められるという（Yamaguchi, 1982；山口、
1982）。実際に、中国から見つかっている後期旧石器時代人の大腿骨に
はこの付け柱が発達している。柱状示数（大腿骨中央断面示数）は、広
西壮族自治区の柳江人では 120.0、北京郊外の周口店山頂洞人では 125.6
（Wu and Olsen, 1985）、最近周口店の近くで発見された田園洞人でも、
大腿骨に強く発達した付け柱があることが報告されている（Shang et al.,
2007）。このような状況に鑑みると、同じ後期旧石器人である港川人に大
腿骨の柱状性がみられないことが不思議でならない。馬場悠男氏が考え
ているように、港川人は後期旧石器時代人の中でもとくに古型な体質を
備えていたからなのだろうか（Baba and Narasaki, 1991）、あるいは沖縄とい
う島の地理的環境が影響しているのであろうか。

33

沖縄の縄文人

ここで問題になるのは沖縄の縄文人である。いまだにまとまった研究データは出されていないが、土井ヶ浜遺跡・人類学ミュージアムの松下孝幸氏が報告した摩文仁ハンタ原遺跡の報告書が参考になる（松下・松下、2011）。この遺跡から出土した縄文後期人の大腿骨の柱状示数の平均値は男性105.1、女性103.9で、日本本土の縄文人とは異なり大腿骨後面の付け柱はほとんど発達していなかったようである。沖縄先史時代人（縄文時代から平安時代に相当する時期）でも大腿骨の柱状傾向が弱かったことは、琉球大学の土肥直美氏らによっても報告されている（土肥ほか、2000）。柱状示数は男性で100.4、女性で101.7であるという。このように大腿骨に柱状性がみられないことは沖縄島独特の特徴で、もしこの特徴に系統関係を示す要素が少しでも含まれているとすれば、港川人と沖縄縄文の間の連続性を示す根拠の一つになるであろう。

港川人の再検証

2011年、日本人類学会の機関誌である Anthropological Science が「沖縄の早期現生人類に関する新たな研究（英文）」という特集号を出したが（Anthropological Science, 119 (2)、2011）、この特集号に寄稿した現在第一線で活躍する研究者たちはいずれも、港川人と縄文人の祖先・子孫関係を疑問視している。

国立科学博物館の溝口優司氏は、頭骨の計測値を用いた"典型性確率"という確率を求める最新の方法で、東北地方の縄文後・晩期人の祖先候補として、東アジア、東南アジア、およびオーストラリアのどの化石人類が最もふさわしいかを調べた。その結果、縄文後・晩期人のメンバーである可能性が最も高いのは、沖縄の港川1号や中国の柳江人よりもオーストラリアの後期旧石器時代人であるキーロー人であるという結果を得た。

東京大学の佐宗亜衣子氏らは、高解像度レーザースキャンにより港川人と縄文人頭骨の眉間周辺の3次元表面形状を比較した。その結果、港

第1章 縄文人とは

川人の眉間部領域の隆起のパターンは独特であり、本土の縄文人とは異なっていることを示した。

港川人の男性2個体、女性2個体の下顎骨をCTスキャンやデジタル復元も用いて詳細に分析した国立科学博物館の海部陽介氏は、港川人の下顎骨は多くの点で縄文人とは時代差・地域差を超えて異なることを明らかにした。そしてこれまで多くの研究者が信じてきた、港川人と縄文人の祖先・子孫関係を無批判に受け入れることに警鐘を鳴らしている。

東京大学の諏訪元氏らは、これまで誰も手をつけたことがなかった、港川人の下顎骨4個体分の歯根の大きさと長さをX線CT断層撮影にもとづいて精査した。その結果、港川人では歯根長と歯頚部径の双方において、現代人と縄文人よりも大きい傾向がみいだされた。このことは、港川人の歯列は進化的に保守的な状態を示しており、縄文人とは系統的に異なる可能性を示唆するものであるという。

これらの精緻な研究は、筆者ら第一線から退いたアナログ世代からみれば目を見張るものがあり説得力に富む。しかし、比較資料として沖縄の縄文人が使われていない点が気がかりである。石垣島では1万6000年前から2万年前頃の人骨が大量に発掘されているとのことで、琉球諸島の後期旧石器時代人の体質の全容が明らかにされるのは時間の問題であると思われる。だがその前に沖縄の縄文人の形態的特徴をまとめた論文が是非欲しいところである。

沖縄でも縄文人の骨は結構たくさん発見されているが、筆者の知る限りそれらは少なくとも三つの研究機関に分散して収蔵されている。しかし今のところ、これらの機関では、どうも資料の共有がなされていないようなので、なるべく早く共同で研究を進める環境を整えて、沖縄の縄文人の形態的特徴のまとめが報告されることを期待している。

数々の否定的な見解が出されているが、筆者としては現代段階では、頭骨のおおまかな形態の類似性や大腿骨の非柱状性、さらに低身長の傾向などといった点からみて、細い糸かもしれないが、港川人と沖縄の縄文人の系統的なつながりを可能性として残しておきたい。

35

7．縄文人と弥生時代人

　紀元前5世紀頃に、まず大陸から北部九州に水田稲作農耕技術が伝わり、やや遅れて金属器も導入され、縄文式土器が弥生式土器に移行し、それが九州・四国・本州にまで広がっていった。弥生時代の始まりである。弥生文化の主要構成要素である水田稲作農耕は、北海道と琉球諸島には及んでいない。弥生時代は紀元3世紀頃に終焉を迎えるが、筆者の研究では、この時代に大陸から渡来してきた人々かその子孫たちが日本本土の現代人の祖型になったという結果を得ている。そのため、縄文時代に比べればはるかに短い期間ではあったが、本土日本人の起源を探る上で大変重要な時期であったといえる。

　弥生時代人骨は九州地方と山口県周辺で数多く発掘されているが、図14に示すように、この狭い地域においても三つの異なったタイプがみられる（内藤、1984）。「北部九州・山口タイプの弥生人」というのは、福岡平野から筑紫平野にかけてと山口県の響灘に面した地域を指し、「西北九州タイプの弥生人」は長崎県と佐賀県の海岸部ならびに五島列島、「南九州離島タイプの弥生人」は九州南端から種子島・奄美大島・徳之島など

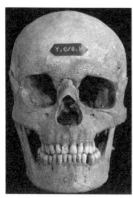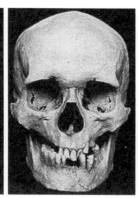

図14．種子島広田遺跡弥生人C-8号（左）、佐賀県大友遺跡弥生人45号（中央）、
　　　福岡県金隈遺跡弥生人61号（右）の頭骨の比較（男性）

第1章 縄文人とは

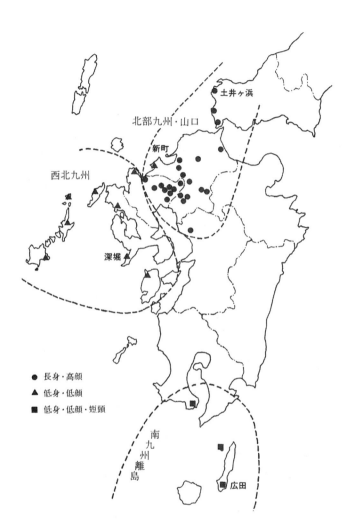

図15. 北部九州・山口タイプの弥生人、西北九州タイプの弥生人、および南九州離島タイプの弥生人の分布範囲

から発見された弥生人骨にもとづいて付けられた名称である（図15）。

大陸系弥生人

　北部九州・山口弥生人は、九州大学の金関丈夫教授とその門下生が最初に発掘した弥生人骨である。縄文人にはまずみられない高顔・高身長を特徴とするので、彼らは朝鮮半島から渡来した人たちが、在来の縄文人と混血した結果成立したのであろうと考えられた（金関、1959, 1966）。有名な金関氏の"渡来説"の根幹をなす資料であり、また筆者が研究対象とした弥生人はこの北部九州・山口弥生人であるので、ここでその形態的特徴を少し詳しく解説してみたい。

　表4に男性の頭骨と四肢骨の主要計測値を東日本縄文人と比較してみた。脳頭骨の長さや幅には大きな違いは認められないが、北部九州・山口弥生人の上顔高（鼻の付け根から上顎骨の最下端までの距離）は著しく高く、それに応じて上顔示数も大きくなっている。高顔といわれる由縁である。鼻骨の幅は縄文人より狭く、鼻骨の立体示数は縄文人より著しく小さい。上腕骨はやや長いが中央部は縄文人ほど扁平ではなく、前腕の相対的な長さを示す橈骨上腕骨示数は縄文人より小さい。前腕は縄文人ほど相対的に長くはなかったことになる。大腿骨の最大長は縄文人よりかなり長いが、柱状性の指標となる中央断面示数は縄文人より小さく、本土の現代人とほとんど変わらない。脛骨の長さに大きな違いはないが、扁平性を示す中央断面示数は縄文人よりずっと大きく、脛骨は扁平に傾かない。下腿の相対的な長さを表す脛骨大腿骨示数は縄文人より小さく、縄文人ほど下腿が長いとはいえない。大腿骨最大長からピアソンの式で推定した男性の平均身長は縄文人が160.2cm、北部九州・山口弥生人が162.6cmで、北部九州・山口弥生人が2.4cmほど高い。

　このように計測値からみても縄文人とは相当異なっているが、一番の違いは上顔高が高いこと、観察項目では、眉間から鼻根・鼻背にかけての部分が縄文人に比べて"のっぺり"していることである（図14の右側、および図16）。また歯については、歯冠全体の面積が縄文人より約10%

第1章　縄文人とは

表 4．東日本縄文人と北部九州・山口弥生人の主要計測値の比較（男性）

	東日本縄文人	北部九州・山口弥生人
頭骨		
頭骨最大長	183.3mm	183.4mm
頭骨最大幅	143.9mm	142.3mm
頭骨長幅示数	78.6	77.7
頬骨弓幅	141.7mm	139.8mm
上顔高	68.5mm	74.3mm
上顔示数	48.4	53.0
鼻骨最小幅	10.0mm	8.5mm
鼻骨立体示数	42.5	27.9
上腕骨		
最大長	294.1mm	304.1mm
中央断面示数	73.3	75.6
橈骨		
最大長	235.8mm	236.7mm
橈骨上腕骨示数	80.2	77.8
大腿骨		
最大長	419.9mm	432.2mm
中央断面示数	115.6	106.8
脛骨		
最大長	349.0mm	352.3mm
中央断面示数	66.4	72.5
脛骨大腿骨示数	83.1	81.5
推定身長（大腿骨長・ピアソン式）	160.2cm	162.6cm

東日本縄文人の四肢骨データは瀧川（2005）、北部九州・山口弥生人のデータは中橋・永井（1989）による

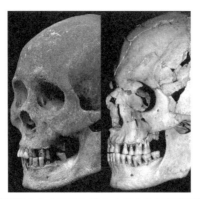

図16. 福岡県金隈遺跡弥生人298号（左）と岩手県宮野貝塚縄文人104号頭骨（右）の比較（男性）

も大きいことが明らかにされている（Brace and Nagai, 1982）。

　現在では北部九州・山口弥生人の骨は大量に発見されており、彼らが東アジアの大陸部から朝鮮半島を経由して北部九州・山口地方に渡来してきたことが明らかにされているので（Hanihara, 1985, 1991；Mizoguchi, 1988；Kozintsev, 1990, 1992；松下、2000；山口・中橋、2007）、今後この人たちを大陸系弥生人と呼ぶことにする。大陸系弥生人は北部九州や山口地方のみに留まっていたのではなく、本州島のかなり東方まで居住域を広げていたようである。歯の計測値にもとづいた判別分析で、当該弥生人骨が縄文人的か大陸系弥生人的かを全国規模で調査した札幌医科大学の松村博文氏によると、大陸系弥生人は少なくとも東海地方から関東西部の太平洋側地域、さらには長野県に至る中部山岳地域まで到達していたとのことである（松村、1998）。

　東北地方からは弥生時代の人骨がほとんど検出されていなかったが、1996年に岩手県花巻市大迫町のアバクチ洞穴遺跡から3〜4歳の子どもの全身骨格が、東北大学と慶應義塾大学の合同調査団によって発掘された。頭骨と歯の特徴を詳しく分析した結果、このアバクチ弥生人骨は縄文幼児人骨とは形態的にやや異なり、直接あるいは間接的に大陸系弥生

人の遺伝的影響をうけた可能性があると考えられた（奈良・鈴木、2003）。

西北九州弥生人

　西北九州弥生人は、長崎大学の内藤芳篤氏とその共同研究者が九州本土の長崎半島、五島列島、ならびに宇久島の三つの遺跡から発掘した弥生時代人骨で、現在では平戸島、熊本県の天草下島、さらには玄界灘に面する佐賀県東松浦半島からも、同じタイプの人骨が発見されている（内藤、1984）。これらの人骨は、ひと言でいえば低顔・低身長を特徴とする。平均身長は男性158.8cm、女性147.9cmで、顔面骨では幅に対して高さが低く、眉間は高まり、鼻の付け根が深く陥没し、鼻骨は広くて、高く隆起している（図14の中央）。これらの特徴は本土の縄文人骨と一致しており、"のっぺり"顔の北部九州・山口地方の弥生時代人とは著しく異なり、一見して判別できるほどの違いであるという。

　内藤氏は、四肢骨では柱状性や扁平性はすでに弱くなっており、本土の縄文人よりは西日本古墳人に近づいているというが、内藤氏門下の松下孝幸氏が報告した、佐賀県東松浦半島の大友遺跡出土の西北九州タイプの弥生人骨の計測データ（松下、1981）をみると、必ずしもそうとはいえないようである。大友弥生人男性の大腿骨の柱状示数は平均111.7、脛骨の扁平示数は68.0で、本土の縄文人と大差はない。前腕と下腿の相対的な長さを示す橈骨上腕骨示数と脛骨大腿骨示数もそれぞれ79.4、84.2で、縄文人の平均値とほぼ同じである。

　このような点から判断して内藤氏は、西北九州弥生人はこれに先立つ在地の縄文人の形態的特徴をそのまま残していた可能性が高いと考えている（内藤、1971、1981、1984）。一般には在来系弥生人と呼ばれることも多い。西北九州弥生人は弥生式土器を受け入れたものの、地理的な制限から北部九州のように農耕生活に基盤をおくことができず、縄文時代以来の漁労と狩猟等の採集生活に依存していたので、おそらく大陸系弥生人が入り込む余地がなかったのであろう。

南九州離島弥生人

　南九州離島タイプの弥生人は、九州島最南端から大隅諸島を経て奄美諸島まで分布する短頭・低顔・低身長を特徴とする人々である。

　種子島の広田遺跡からは多数の人骨が発掘されており、その形態的特徴については九州大学の中橋孝博氏が詳しく報告している（中橋、2003）。頭骨における最も目立った特徴は、最大幅に対して前後径が著しく短く、頭骨長幅示数の平均値は89.0にも達し、人類学的には過短頭に分類される。すなわち頭骨を上からみると、ちょうど"おむすび"のような形をしているのである。中橋氏はこの特徴について、意図的なものかどうかはともかく、何らかの人工的な変形が施されているのではないかと考えている。これに続く特徴は、上顔高も上顔示数も縄文人よりも小さく、著しい低顔性を示すことである。しかし顔面中央部は立体的で、鼻の付け根が深く窪んでおり、鼻骨の湾曲も強く、この点は縄文人に普通にみられる特徴である（図14の左側）。また四肢骨では、上肢、下肢とも遠位部が相対的に長く、この点も縄文人に共通している。しかし推定身長は男性154cm、女性143cmで、小片氏の縄文早・前期人の平均値（男性157.5cm、女性147.2cm）よりも低く、本土縄文人に普通にみられる大腿骨の柱状性も脛骨の扁平性もほとんど認められない。

　筆者は、このような特徴を備えた弥生人に似た集団は日本本土ではなく、沖縄の縄文人に求められるのではないかと考える。前にも述べたように、沖縄の縄文人では大腿骨の柱状性や脛骨の扁平傾向はほとんどみられず、男性の推定身長も155.8cm[2]で小片氏の早・前期縄文人の平均値よりも小さい。また頭骨を上からみた写真は、本土の弥生〜平安相当期の大当原貝塚人のものが公表されているが（土肥、1998）、これも幅に比して前後径が著しく短く、広田弥生人のよ

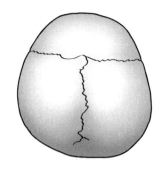

図17. 大当原沖縄貝塚時代人頭骨の上面輪郭

うに“おむすび”のような恰好をしている（図17）。

　沖縄の弥生時代相当期の人骨についてのデータが出されていないのではっきりしたことはいえないが、南九州離島タイプの弥生人は、九州本島最南端から大隅諸島、奄美諸島を越えて沖縄諸島まで広がっていた可能性があるのではないかと思われる。そして彼らの祖先は、沖縄の縄文人のような体質をもった在地の縄文人であったに違いない。水田稲作農耕を生活の基盤にしていた大陸系の弥生人は、この地域にも進出することができなかったのであろう。

8. 縄文人と古墳時代人

　古墳時代とは、古墳が時代の象徴になっていた時代であるという。3世紀後半に始まり7世紀に終焉を迎えるが、筆者らが調べた東北地方や関東地方の古墳時代人資料の多くは、古墳時代後期から8、9世紀の奈良・平安時代まで下がる可能性のある横穴墓から得られた人骨である。九州とその隣接地域に集中していた弥生人骨と異なり、古墳時代人骨は北海道と琉球諸島を除いた、日本本土のほぼ全域から出土している。大陸渡来系の体質がすみずみまで浸透して、古墳時代人はほぼ均質な集団になっていたと予想していたが、実際はそうではなかったらしい。

渡来系と在来系

　京都大学の池田次郎氏によると、古墳時代人にも高顔・高身長の渡来系古墳人と低顔・低身長の在来系古墳人とが区別されるという（池田、1998）。渡来系の古墳人は畿内、東北九州・西中国、東中国・西近畿、四国、南近畿、関東・東北南部など広範囲に分布するのに対して、在来系の古墳人の分布範囲は、北陸、西九州、および南九州といった限られた地域である。とくに南九州山間部の古墳人には、著しい低顔傾向、眉間から鼻にかけての部分の立体性、大腿骨の柱状形成、男性で約158cm、女性で147cmという低身長など、縄文人的特徴が強く残っている（内藤、

1985；松下、1990）。

内藤芳篤氏は、南九州古墳人は同地方の縄文人が外来要素の遺伝的影響を受けることなく、弥生時代人を経て古墳時代まで継続した集団であると考えている。池田次郎氏は、本州・四国・九州の現代人にみられる地域性のほとんどすべてが、古墳時代にすでに完成されていたか、もしくは完成されつつあったことを重視して、この時代を本土日本人の成立期と位置づけている（池田、1993）。

渡来系古墳人

いわゆる渡来系古墳人は、男性で 162 ～ 163cm と比較的身長が高く"のっぺり"顔で、低身長で立体的な顔立ちの縄文人とは容易に区別がつく。後に述べるように、筆者が専門に研究している頭骨の形態小変異の出現パターンでは、古墳時代人は日本本土の歴史時代人や近現代人とほとんど変わりがないので、いわゆる渡来系古墳人は本土日本人の直接の祖先であったことに間違いはないと思われる。

ここでいわゆる渡来系古墳人の形態的特徴を、九州大学医学部解剖学第二講座（1988）や山口（Yamaguchi, 1986, 1987）などを参照してまとめておきたい。いずれも男性のデータである。脳頭骨の長さや幅は縄文人とほとんど変わるところがないが、上顔高は東日本古墳人（71.0mm）も北部九州・山口古墳人（73.3mm）も、東日本縄文人（68.5mm）よりかなり高く、それに連動して上顔示数も大きくなっている。鼻骨の最小幅は東日本縄文人の平均が 10.0mm であるのに対して、東日本古墳人 7.4mm、北部九州・山口古墳人 7.9mm で、両古墳人とも縄文人より明らかに幅が狭い。鼻骨の隆起程度を表す鼻骨立体示数は、東日本古墳人が 31.2、北部九州・山口古墳人が 29.3 で、東日本縄文人の 42.5 より著しく小さい。顔面骨が平坦で、眉間から鼻骨にかけての部分が"のっぺり"しているのが渡来系古墳人の大きな特徴である（図 18）。

四肢骨では大腿骨が縄文人より長く、大腿骨からピアソンの式で推定される身長は、東日本古墳人が 161.6cm、北部九州・山口古墳人が

第1章　縄文人とは

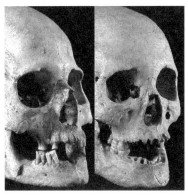

図18. 宮城県里浜貝塚縄文人5号（左）と宮城県熊野堂古墳人A19-4号頭骨（右）の比較（男性）

163.0cmで縄文人平均より高い。前腕の相対的な長さを表す橈骨上腕骨示数は、東日本古墳人のデータは見あたらなかったが、北部九州・山口古墳人では75.7となり、80前後の数値を示す縄文人より明らかに小さい。下腿の相対的な長さを表す脛骨大腿骨示数は、東日本古墳人で82.1、北部九州・山口古墳人は80.4で、示数が83〜85の範囲にある縄文人ほど下腿も長くはない。脛骨の扁平示数は両地方の古墳人とも70を超えており、脛骨がとくに扁平とはいえない。大腿骨後面の付け柱の発達程度を表す柱状示数は、東日本古墳人102.2、北部九州・山口古墳106.8で、平均値が115を超える縄文人にはるかに及ばない。

渡来系古墳人の拡散

　このような"のっぺり"顔の渡来系の古墳人は前述したように、本州・四国・九州に広く分布するが、彼らの分布範囲の中にも縄文人的特徴を備えた古墳人が散見される。たとえば、和歌山県田辺市磯間岩陰遺跡の30歳代の男性人骨（池田、1998）、神奈川県横須賀市八幡神社遺跡の成人男性人骨（Hagihara and Nara, 2013）、宮城県石巻市五松山洞穴遺跡の5号成人男性頭骨（山口、1988a；Yamaguchi, 1988）、同じく石巻市梨木畑貝

45

塚の2号成人女性人骨（百々ほか、2004）、それに時代は少し下がるが山形県酒田市飛島にある狄穴洞穴遺跡の平安時代に属する1号成人男性頭骨（石田、1992；Yamaguchi and Ishida, 2000）がそれである。

　石巻の梨木畑2号人骨については DNA の分析もおこなわれており、この人骨のミトコンドリア DNA のハプログループは N9b であった。ハプログループ N9b は現代本土日本人には1.9%の頻度でしか出現しないが、北海道・東北地方の縄文人には63.5%という高頻度でみられる（安達ほか、2009；Adachi et al, 2011a）。

　これらの人骨を出土した遺跡はいずれも海岸部に沿ったものであり、水田稲作農耕に適さない立地条件であったと考えられる。

　1985年に九州大学医学部で「国家成立前後の日本人」というシンポジウムが開催され、国立科学博物館の山口敏氏が東日本の古墳人についての講演を担当した。その内容を要約すれば、伝統的な計測値からみると古墳時代人の頭骨は縄文人と現代人のほぼ中間になるが、顔面平坦度計測や頭蓋形態小変異、あるいは大腿骨の柱状性などを指標にすると、東日本の古墳時代人は縄文人から遠く離れ、東アジアの大陸集団、とくに朝鮮半島の現代人に近くなるというものであった（山口、1985a）。この研究結果は、古墳時代にすでに、大陸渡来系の遺伝的影響が東日本にも及んでいたことを示すもので、大きな反響を呼んだ。山口氏はその後、古墳時代人について4編の論文を書いて自説を補強したが、その研究過程で、東日本古墳人は朝鮮半島ばかりでなく日本本土の現代人、中国の現代人や古代人、それに大陸系の弥生人にも近いことが明らかになった（Yamaguchi, 1985, 1986, 1987；山口、1988b）。

　佐賀大学の川久保善智氏らは、北部九州、関東地方、および東北地方の古墳人が大陸系の北部九州の弥生人的か、それとも東日本縄文人的かを調べるために、顔面平坦度計測も含めた頭骨の計測値18項目をもとにして判別分析をおこなった（川久保ほか、2009）。その結果を図19に示す。これにより、北部九州古墳人、関東古墳人、東北古墳人の順に北部九州弥生人に判別される個体が少なくなることが明らかになった。各個

第 1 章 縄文人とは

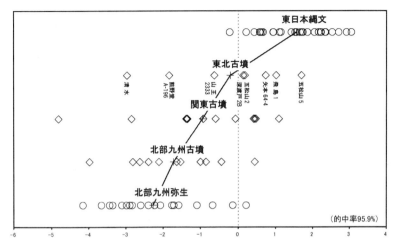

図19. 東日本縄文人と北部九州弥生人を判別集団とした、18項目の頭骨計測値にもとづいた東北・関東・北部九州古墳人の判別分析
（+は重心を表す）

体の判別得点の平均値である重心を結んだ線は、九州古墳人 → 関東古墳人 → 東北古墳人という流れで縄文人側に向かう地理的な勾配を示している。この結果は、大陸渡来系の遺伝的影響が、九州から関東地方を経て東北地方に徐々に拡散していく様相を表しており、国際日本文化研究センターの埴原和郎氏が日本列島人の"二重構造モデル"で予想した拡散モデル（Hanihara, 1991；埴原、1994）を具体的に示したものとして評価される。

図20には、大腿骨後面の付け柱の発達程度の指標になる柱状示数の時代的変化を示した（Yamaguchi, 1986）。縄文人の大きな柱状示数が弥生時代に少し減り、古墳時代人でずっと小さくなって、それが江戸時代まで続き、現代人でまた若干大きくなる。しかし大局的にみると、古墳時代以降には大きな変化はなかったとみなして差し支えない。

古墳時代人の歯については、札幌医科大学の松村博文氏のまとまった研究が論文として公表されている（Matsumura, 1990）。西日本と東日本の古墳人について歯の計測値と形態小変異の分析をおこなったものである

47

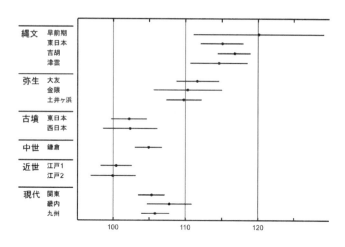

図20. 大腿骨後面の付け柱の発達程度の指標になる柱状示数の時代的変化

が、その結果は次のように要約される。

1) 古墳人は大きな歯冠サイズをもつ大陸系集団の遺伝的影響を強く受けている。
2) 東日本の古墳人女性は男性よりも大陸系集団の遺伝的影響がやや小さい。
3) 現代本土日本人の歯冠にみられる形態小変異の出現頻度パターンは少なくとも古墳時代には獲得されていた。

以上、古墳時代人の形態的特徴について述べてきたが、本州・四国・九州に広く分布する古墳時代人の大部分、すなわち池田氏の言う渡来系古墳人は、大陸渡来集団の遺伝的影響を強く受けており、現代本土日本人の直接の祖先集団であったことはほぼ確実である。

第1章 縄文人とは

9. 縄文人と歴史時代人

日本史でいう古代に相当する時期の人骨の発見例は多くはないが、中世から近世にかけては、各地から相当量の人骨が発掘されている。この時代の人骨はまぎれもなく本土日本人の祖先であるので、わざわざ縄文人の形態的特徴と比較する必要はない。ただ、古墳時代以後大陸からの渡来人の遺伝的影響がほとんどみられなくなったにもかかわらず、わずか約1000年の間に、一部の形態的特徴に大きな時代的変化が認められるので、その点に注目して簡単な解説をおこなってみたい。

歴史時代の人骨に最初に科学的なメスを入れたのは、東京大学の鈴木尚氏であった。氏は1951年に東京大学医学部の骨標本室で見慣れない頭骨に遭遇し、それが室町時代の人骨であることを突き止め、現代人とも古墳時代人とも違っていることに興味をいだいた（鈴木、1963）。その後、鈴木氏とその共同研究者は鎌倉材木座遺跡で1000体近い鎌倉時代人骨を発掘、それに続いて東京都江東区深川の寺院跡から200体を超える江戸時代人骨も収集し、本格的な歴史時代人骨の研究を開始した。

長頭の中世人

鎌倉材木座遺跡から発掘された人骨は、元弘3（1333）年の新田義貞の鎌倉攻めの際の戦死者のもので、それらの出自はほとんどが関東地方であったと推測されている。これら鎌倉時代人骨の頭骨の形態的特徴は、低顔で反っ歯の傾向が強く、鼻根部の隆起が弱く、そして何よりも頭が前後に長く著しい長頭であることである（日本人類学会編、1956；鈴木、1963）。最近では、鎌倉材木座遺跡のすぐ近くの由比ヶ浜南遺跡などから数千体に及ぶ鎌倉・室町時代人骨が発見され、鈴木氏が指摘した低顔、反っ歯、長頭という鎌倉時代人頭骨の形態的特徴が追認されている（松下、2002；長岡ほか、2006）。この関東地方で確認された中世人頭骨の特徴は、山口県の吉母浜遺跡の中世人骨（中橋・永井、1985）や中部九州の中世人骨にも認められている（佐熊、1989）。2004年には、種子島の鹿児

49

島県西之表市所在の小浜遺跡から、きわめて保存状態良好な中世の壮年男性人骨が発見されたが、頭骨には、低顔・長頭（頭骨長幅示数72.8）で鼻根部も平坦という中世鎌倉人と同様な特徴が確認された（竹中ほか、2006）。

東北地方では、宮城県東松島市の里浜貝塚から4体の中世幼児人骨が発見されており、そのうち2体の頭骨が復元された。幼児骨であったために低顔性や反っ歯の傾向は評価することができなかったが、脳頭骨は前後に長く、頭長に対する頭幅の比である頭骨長幅示数は71.9、72.2で、いずれも長頭型に分類された（奈良ほか、2000）。縄文人、弥生人、中世人、および近現代人の頭骨の成長過程を調査した九州大学の大学院生であった岡崎健治氏によると、中世人では、幼児期から成人まで一貫して長頭性が保たれているという（岡崎、2009）。

北海道では、渡島半島の西海岸にある上ノ国町州崎館跡より中世陶器をかぶった成人男性頭骨が発見されたが、これは形態的特徴からみてアイヌのものではなく、明らかに和人の頭骨であった。この頭骨には低顔の傾向は認められず、しかも上顎骨前面の歯槽部が破損していたので、反っ歯の有無は判定できなかった。しかし、他地域の中世人同様、鼻根部は平坦で、著しい長頭性が確認された（図21）。頭骨長幅示数は69.5で過長頭型であった（百々・松崎、1982）。

このように東北地方と北海道では、低顔や反っ歯の傾向は確認できなかったが、脳頭骨の長頭性は明らかで、中世人の長頭性は、北は北海道から南は南九州までの広範囲に共通して認められることが明らかになった。

図21. 北海道檜山郡上ノ国町出土の中世和人頭骨の上面輪郭（男性）

第1章 縄文人とは

鎌倉の"さむらい"

鎌倉材木座中世人骨については、ミシガン大学のブレイス氏らのちょっと変わった論文がある（Brace et al., 1989）。現代と先史時代の日本人の頭顔部骨格の諸特徴をアジア大陸とオセアニアの人々と比較した研究の一部に、鎌倉材木座人骨のことが触れられているのであるが、鎌倉幕府の武家集団の"さむらい"たちは、当時まだ関東地方に居住していたアイヌがかり集められたのであったという。「さむらい・アイヌ説」とでもいってよい学説である。この説にしたがうと、1333年の新田義貞の鎌倉攻めの際戦死した遺体の多くもアイヌであったはずである。

アイヌは長頭に傾き低顔傾向があるので、材木座人骨が長頭で低顔であることと一致し、古墳時代から中世にかけて起こった長頭化という不思議な現象をうまく説明することができる。しかしながらこの学説では、山口県の吉母浜中世人や中部九州中世人の長頭性を説明することができないばかりか、筆者の頭骨の形態小変異の研究では、中世鎌倉人は現代の本土日本人とほとんど変わるところがないので、ブレイス氏らの学説を支持することはできない。さらに近年では、鎌倉中世人骨から抽出したミトコンドリアDNAの分析からも、これらの人骨が本土日本人の祖先であることが明らかにされている（篠田、2011）。

話はそれるが、ブレイス論文についてはちょっとしたエピソードがある。この論文はアメリカの自然人類学の雑誌に投稿されたのであるが、その査読が国際的に有名な日本の研究者に依頼された。その査読者は、「著者の一人に君の名前が入っているから読んでごらん」といって原稿のコピーをわざわざ筆者のもとに送ってくれた。ブレイス氏が東北大学と札幌医科大学で調査をしたときに筆者がお手伝いをしたので、その感謝の意味を込めて筆者を連名にしてくれたのだと思うが、ブレイス論文と筆者の研究結果は大きく食い違っていた。大慌てで筆者の研究結果を示して、論文から名前をはずしてもらうよう手紙で依頼した。幸い論文が刊行されたときには筆者の名前がはずれていたが、査読者が親切に原稿のコピーを送ってくれていなかったら、とんでもないことになってい

51

た。おまけにその論文には、縄文・パシフィック同系論（Jomon-Pacific cluster）とでもいうべき筆者の見解とはまったく異なる主張もなされていたので、もしブレイス論文が筆者を連名にしたまま刊行されていたら、筆者の立場はどうなっていたであろうか。まさに冷汗ものであった。

短頭化現象

江戸時代人骨は、東京、大阪、京都、福岡といった大都市を中心に、旧墓地から数百体から数千体に及ぶ人骨が発掘されている。国立科学博物館にはすでに1万体近くの江戸時代人骨が収蔵されているという。さらに、筆者が主たるフィールドにしている、大都市のない青森・秋田・岩手といった北東北地方でも、100例を超す江戸時代人骨が収集されている。

現代人骨は主に医学部のある古い大学に収蔵されている。そのほとんどは明治・大正年間に生活を営んだ人たちで、戦前に大学の解剖学教育研究用として提供されたご遺体を骨格標本にしたものである。厳密な意味での「現代人」ではないので、正確を期する研究者は「近代人」とか「近現代人」と記載するが、戦後生まれの人たちの骨格標本はほとんど残されていないので、本書では、明治・大正年間に生きた人々の骨格を現代人骨として扱うことにする。

低顔、長頭、反っ歯で特徴づけられた中世日本人は、その後どうなったのであろうか。図22に、古墳時代から現代に至るまでの頭骨長幅示数の時代変化を示してみた。関東地方でも北部九州・山口地方でも、古墳時代から中世に向かって示数が徐々に減少し、中世を境にして今度は江戸時代、現代に向かって急激に示数が増加している。すなわち、頭の骨を上から見た形は、古墳時代から中世にかけてだんだんと前後に細長くなり（長頭化）、その後現代に向かって急激に丸くなっていくのである（短頭化現象）。顔面の高さを表す上顔高も中世を最低として、その後現代に向かって急激に高くなっていく（図23）。この急激な短頭化および高顔化がともに、中世から現代までのわずか500〜600年間におこったの

第1章 縄文人とは

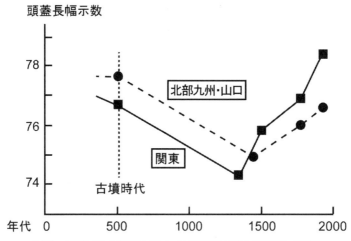

図22. 古墳時代から現代に至るまでの頭骨長幅示数の時代変化（男性）

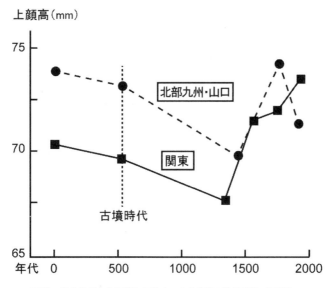

図23. 弥生時代から現代に至るまでの上顔高の時代変化（男性）

である。実に不思議な現象である。また佐賀大学の川久保善智氏は、上顔部、鼻根部、下顔部が、江戸時代から現代にかけて急激に立体化することを明らかにしている（Kawakubo, 2007）。

　その原因を特定することは容易ではないが、咀嚼器官の退化の影響（山口、1999）や通婚圏の拡大によるヘテロシス（雑種強勢）効果（池田、1981）など興味ある仮説が提出されている。最近、九州大学の高椋浩史氏は、縄文時代人から近現代人までの女性骨盤を用いて骨産道の復元をおこなった（高椋、2011）。その結果、中世人の骨産道は、頭骨の幅の狭い長頭の赤ちゃんを産むのに適した形をしており、短頭化が進む近世および近現代人の骨産道は、頭の幅の広い赤ちゃんを産むのに適した形をしていることが示された。このことから、母親の産道形態が頭骨の形態を規定する要因の一つであることが判明した。ただし、母親の骨産道の形態がどのようにして決まるかについては、まだ明らかにされていない。

歯槽性突顎

　反っ歯については、上顎の前歯が植わっている部分、すなわち上顎骨歯槽突起の前方への突出度（歯槽性突顎という）を耳眼水平面という基準面に投影した角度で表す方法が用いられてきた。この方法によって、中世人が著しい歯槽性突顎を示すことが明らかにされた。この点を確かめるために、東北大学の大野憲五氏らは3次元計測器を用いて、突顎度の詳細な計測を試みた（Ohno et al., 2013）。その結果、東日本でも西日本でも中世人の歯槽性突顎は予想に反して強くはなく、むしろ古墳時代人や江戸時代人、現代人の方が強いことが明らかになった。中世人は顔面全体が前に突き出ているための反っ歯であったらしい。

　このような頭顔部の形態の時代変化について、これ以上の解説は到底筆者の手におえるものではないので、この現象の解明に長年取り組んできた国立科学博物館の溝口優司氏が著した『頭蓋の形態変異』（勉誠出版、2000年）を参照されたい。

　この例のような不思議な現象の原因を特定するには、個人研究では限

第 1 章　縄文人とは

界があるのではないかと思われる。理系、文系の研究者が共同で取り組む大型科学研究費による学際的な研究が必要であると、筆者は考える。何も海外に目を向けずとも、我々のすぐ足もとに解決すべき大きなテーマが転がっているのである。

四肢骨

　前述したように、歴史時代になっても頭顔部骨格の主要形態は大きく変化するが、では四肢骨形態の変化はどうであったろうか。図 20 に示したように、大腿骨後面の付け柱の発達程度を表す柱状示数は、古墳時代以降大きな変化はみられない。関東地方の縄文人男性の柱状示数の平均値は 117.2 であるのに対して、中世から現代までは 103.4 から 105.8 の範囲まで減少している。北部九州・山口地方でもほとんど同様な結果が得られている。脛骨の扁平度をあらわす扁平示数は、関東地方でも北部九州・山口地方でも縄文人は 70 以下であるが、中世以降では両地方とも 72.1 〜 77.1 となり、扁平性はほとんどみられなくなる。

　上腕骨に対する前腕骨の長さの指標になる橈骨上腕骨示数は、中世から現代まで、関東地方では 75.3 〜 76.2、北部九州・山口地方では 74.2 〜 77.2 となり、示数が 80 を超える縄文人よりも前腕が相対的に短くなっている。大腿骨に対する下腿骨の長さを表す脛骨大腿骨示数も、中世から現代にかけては、関東地方で 81.0 〜 81.4、北部九州・山口地方では 81.0 〜 82.2 で、示数が 83 を超える縄文人よりも下腿が相対的に短くなっている。前腕や下腿が相対的に短いという特徴は、弥生時代以降の本土日本人の大部分に共通してみられる。

　以上の四肢骨の示数値は、中橋・永井（1985, 1989）；九州大学医学部解剖学第二講座（1988）；加藤（1991）；松下（2002）；瀧川（2006）；山口（Yamaguchi, 1986, 1988）のデータを用い、一部筆者が平均値から算出した。

身長

　大腿骨の最大長からピアソンの式で推定身長を求めると、関東地方

の男性では古墳時代の 161.6cm をピークにして、中世 159.6cm、近世 157.9cm、現代 158.9cm と徐々に減少する傾向が認められるが、明治時代以降の身長の伸びに比べればその差はわずかである。北部九州・山口地方でもほぼ同様な傾向がみられ、古墳時代人男性の 163.0cm から中世人 160.1cm、近世人 159.7cm、現代人 157.6cm と徐々に減少している。このような身長の変化が、縄文時代から近代初頭に至る関東地方人に認められることは、すでに今から 40 年も前に北里大学の平本嘉助氏によって報告されている（平本、1972）。ただここで注意しなくてはならないことは、本書のいう現代人とは、明治・大正年間に生きた人々をさしていることである。明治・大正年間の本土日本人にみられた 160cm 弱の身長は、中世からあまり変化せずに経過してきたとみなしてよい。

　ところが生体計測値からみると、明治時代以後今日に至るまで、本土日本人の身長は急速に増加していることが知られている。男子大学生の平均身長は 1910 年代で 161.9cm、1940 年代で 164.2cm、1980 年代で 169.4cm とのことで、明治時代末からの 70 年間に 7.5cm、第二次世界大戦をはさんだわずか 40 年間でも 5.2cm も増加している（河内、1984）。この明治時代以降の急速な身長の伸びは、栄養状態などの生活環境の改善に関係している可能性が高く、その意味では、頭型や顔高のような頭骨形態の時代変化よりは解釈が簡単かもしれない。

小進化説

　東京大学の鈴木尚氏は、自ら収集した歴史時代人骨を含んだ、縄文時代から現代に至る各時代の人骨資料を用いて、関東地方人の骨格形態の時代的変化を明らかにした。頭型や上顔高、鼻根部の平坦度、それに身長などの特徴が大きく変わった時期が二回あるので、これを二大変動期とみなした。その一つは縄文時代から古墳時代にかけての時期で、もう一つは江戸時代から現代にかけての時期である。前者は水田稲作農耕と金属器が導入されて新しい生活技術が確立された時期で、後者は幕末から明治時代にかけて西洋文明を取り入れて衣食住をはじめ社会生活が大

きく変換した時期である。

　「江戸から明治にかけては外来集団との混血はみられなかったので、この間の急激な形態変化を引き起こした主因は、生活様式の変化と配偶者の選択婚にあったに違いない。もしそうであれば、縄文時代人から古墳時代人への大きな形態変化も、狩猟採集から農耕に移行した生活環境の変化だけでも十分説明がつく。弥生時代に大陸から人の渡来があったことを否定するものではないが、しかし彼らは当時の日本の全人口からすればごく限られた数に違いないから、日本人の大部分は、縄文時代以来連綿として続いてきた土着の人々であった。」これが日本人の起源に関する二大学説の一つである鈴木氏の"小進化説"の要旨である（Suzuki, 1969；鈴木、1983）。

　現在の学界では、弥生時代に大陸から渡来した人々が本土日本人の形成に大きく関与したと考える金関氏の"渡来説"を支持する向きが多く、筆者も頭骨の形態小変異の研究で、大陸渡来人の影響の程度を夢中になって追いかけてきた。しかし今になって冷静に考えてみると、鈴木氏の"小進化説"でないと説明がつかない地域集団が、日本列島にはまだまだ多く残されているようである。たとえば日本本土では、大陸系要素が浸透しにくかった北東北や南九州、それにいわゆる山間僻地、離島といった地域、さらに皮肉なことに鈴木氏の眼中になかった北海道、それにひょっとしたら沖縄諸島などにも、"小進化説"が適用されるのではないかと思われる。

_____

注1）　2014年12月に沖縄県南城市サキタリ洞遺跡で、少なくとも9000年以上前の成人とみられる人骨が発見されたという新聞報道がなされた。仰向けの状態で頭や両腕、胴体といった上半身の大部分と右の大腿骨が残っていた（河北新報、2014）。縄文草創期の人骨の可能性もあり、研究成果の発表が待たれる。

注2）　深瀬氏らの論文（Fukase et al., 2012a）では、大腿骨の長さは自然位長が報告されているが、自然位長に1.0091を掛けて最大長を推定し、脛骨大腿骨示数と身長を算出した。

第2章 アイヌとは

1. アイヌ民族

「アイヌ」とはアイヌ語で神に対する「人間」を意味する。アイヌの人々はアイヌ民族と呼称されるのが普通である。民族の定義は専門家にとってはかなり難しい問題であるらしいが、ここでは一般に用いられているように、同族意識を持ち、共通する言語・文化・伝統・習慣を備えた人間集団と捉えることにする。

民族としてのアイヌの成立はそれほど昔のことではなく、北海道では擦文時代に続く13世紀、すなわち中世鎌倉時代に、竪穴住居から平地住居に移行し、土器の使用をやめて鉄鍋や木製のお椀を用いるなど、いわゆるアイヌ文化が形成された以降のことである。だからといって、アイヌが中世という時期に突然現れたわけではない。筆者らの研究によれば、アイヌの身体的特徴は、はるか昔の縄文時代まで遡る。国内外を含めて、北海道アイヌと縄文人の身体的特徴に共通性があることを明らかにした論文は、戦後だけでも50編を下らないであろう。

民族を構成する諸要素の中で中核をなすものは言語であると考えられるので、もしアイヌ語が擦文時代やそれに先行する続縄文時代にすでに使われていたとしたら、アイヌ民族の成立ももっと時代を遡ることになる。残念ながら文字記録がないので確証はないが、その傍証は存在する。東北地方にはその北部を中心にして、弥生時代末から古墳時代にかけて、北海道の続縄文土器が濃密に分布している。面白いことにその土器の分布範囲と重なるように、東北地方にはアイヌ語で解釈できる地名がたくさん残っている。このアイヌ語系の地名は、北海道から東北地方に移住してきた続縄文人が残したものであると考えられている。もしこのことが事実であれば、北海道の続縄文人はすでにアイヌ語を話してお

り、民族としてのアイヌの成立も続縄文時代まで遡ることになる。あくまでも推測の域を出ないが、その可能性は十分にあると思われる。

北海道・樺太・千島

アイヌ民族は現在では北海道を中心に居住しているが、近現代には、北海道と南千島のクナシリ・エトロフの両島に分布した北海道（蝦夷）アイヌ、樺太（サハリン）の南半部を生活圏とした樺太アイヌ、それに北千島のシュムシュ島、パラムシル島などに住んでいた千島アイヌの3地方型が知られていた。もちろん体質などにもある程度の共通点があったようであるが、この3地域の住民をアイヌとみなす根拠になったのは、いずれもがアイヌ語の話者であったことである。

千島アイヌは1884（明治17）年に色丹島に強制移住させられたが、生活環境の変化のために人口を減らし、ついに1950年代には最後に残った一人が亡くなってしまった。樺太は1875（明治8）年の千島・樺太交換条約の成立によってロシア領になったため、樺太アイヌは江別の対雁に移されたが、彼らも生活環境の変化とコレラの大流行のため多くの死者を出した。日露戦争に勝利し1906（明治39）年に南樺太が再び日本のものとなると、生き残ったアイヌの人たちは樺太に戻った。しかし第二次大戦後、樺太が再びソ連領になると樺太アイヌの大多数は北海道に引き上げ、北海道の各地に散在するようになった。

樺太アイヌの存在は江戸時代から知られていたが、千島アイヌについては断片的な記録しか残されていなかった。1899（明治32）年に、東京帝国大学の命により北千島を踏査した鳥居龍蔵氏は、色丹島に強制移住させられていた北千島住民についての調査結果も踏まえて、シュムシュ島よりラショア島までの間にいた住民は、最近まで竪穴住居に住み土器や石器を用いていたが、彼らの言語はまったくのアイヌ語であるので北千島の住民は間違いなくアイヌであると断じた。ここにいたってアイヌ民族は、北海道アイヌ、樺太アイヌ、千島アイヌの3地方集団に分かれることが明確になった。

以上に述べたアイヌ民族の概要については次の文献を参照した。
鳥居龍蔵（1903）『千島アイヌ』吉川弘文館
アイヌ文化保存対策協議会編（1970）『アイヌ民族誌』第一法規出版
アイヌ民族博物館監修（1993）『アイヌ文化の基礎知識』草風館
瀬川拓郎（2007）『アイヌの歴史』講談社
菊池俊彦（私信）

2．アイヌ骨格の特徴

　現在国内の研究機関に収蔵されているアイヌの骨格は、ほとんどが江戸時代のものと思われるが、一部明治時代まで下るものがあるかもしれない。骨の破片を用いて放射性炭素（C14）を用いた年代測定をおこなったとしても、当該人骨の所属時期が江戸時代の後半期か明治時代かを判定するには、時間幅が小さすぎて非常に難しいとのことである。

　行政発掘で得られたもの、あるいは工事中に発見されたものもあるが、北海道アイヌの骨格の大部分は明治時代に北海道全土およびクナシリ島の墓地から発掘されたものであり（小金井コレクション）、樺太アイヌの骨格は大正年間に南樺太の東海岸にある魯禮の墓地から発掘されたものが主体をなしている（清野コレクション）。図24に北海道アイヌの頭骨写真を示した。千島アイヌの骨格については調査する機会に恵まれなかったので、本書では千島アイヌには触れることができなかった。

計測的特徴

　ここで北海道アイヌの頭骨と四肢骨の計測的特徴について概観してみ

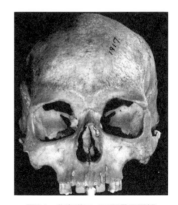

図24．北海道アイヌ頭骨正面観
（男性、日高地方）

たい。表5に男性の頭骨と四肢骨の計測値を東日本縄文人、北海道アイヌ、および関東現代人の間で比較した結果を示した。

　脳頭骨の前後径（最大長）はアイヌ（186.9mm）が縄文人（183.3mm）と関東現代人（181.7mm）よりも長いが、横径（最大幅）ではアイヌ（141.6mm）は縄文人（143.9mm）より小さく関東現代人（141.5mm）と変わらないので、最大長に対する最大幅の割合である頭骨長幅示数は75.8となってアイヌが最小となる。北海道アイヌの脳頭骨は前後に長く長頭に傾くのが特徴である。顔の幅を表す頬骨弓幅ではアイヌ（137.2mm）は縄文人（141.7mm）より小さいが、関東現代人（136.0mm）と大差なく、逆に顔の高さを表す上顔高ではアイヌ（69.6mm）は関東現代人（72.5mm）より明らかに小さく、縄文人（68.5mm）と大差がない。したがって、顔の相対的な高さを表す上顔示数50.7は縄文人（48.4）と関東現代人（53.3）のほぼ中間となり、顔面は縄文人よりは高いが関東現代人よりは低い。鼻骨の最小幅も8.3mmで、縄文人（10.0mm）と関東現代人（7.1mm）の中間の値をとる。鼻骨の立体示数は45.9で縄文人（42.5）と大差はないが、関東現代人（37.5）よりは明らかに大きい。鼻根部が縄文人同様立体的であるのも、アイヌの目立った特徴の一つである。

　上腕骨の前後の扁平性を表す中央断面示数は76.9で、関東現代人（78.5）と大差なく、縄文人（73.3）より明らかに大きい。したがって、アイヌの上腕骨はとくに扁平とはいえない。大腿骨の柱状形成の指標になる中央断面示数105.4も、関東現代人（105.8）と変わらず、縄文人（115.6）のように付け柱が発達しているとはいえない。これに対して脛骨の扁平性を表す中央断面示数67.1は縄文人（66.4）と大差なく、関東現代人（73.5）より明らかに小さい。アイヌの脛骨は縄文人同様扁平性を特徴とする。上腕骨に対する前腕骨の相対的な長さを示す橈骨上腕骨示数78.3は縄文人（80.2）と関東現代人（75.9）のほぼ中間になり、前腕は縄文人ほど長くはないが、関東現代人よりは長い。大腿骨に対する下腿骨の相対的な長さを示す脛骨大腿骨示数82.8は縄文人（83.1）と大差なく、関東現代人（81.0）より大きい。アイヌの脛骨は縄文人と同様に相

第 2 章　アイヌとは

表 5.　アイヌの頭骨と四肢骨の主要計測値の比較（男性）

	東日本縄文人		北海道アイヌ		関東現代人
頭骨					
最大長	183.3mm	<	186.9mm	>	181.7mm
最大幅	143.9mm	>	141.6mm		141.5mm
長幅示数	78.6	>	75.8	<	78.0
頬骨弓幅	141.7mm	>	137.2mm		136.0mm
上顔高	68.5mm		69.6mm	<	72.5mm
上顔示数	48.4	<	50.7	<	53.3
鼻骨最小幅	10.0mm	>	8.3mm	>	7.1mm
鼻骨立体示数	42.5		45.9	>	37.5
上腕骨					
中央断面示数	73.3	<	76.9		78.5
大腿骨					
中央断面示数	115.6	>	105.4		105.8
脛骨					
中央断面示数	66.4		67.1	<	73.5
橈骨上腕骨示数	80.2	>	78.3	>	75.9
脛骨大腿骨示数	83.1		82.8	>	81.0

＞＜：5％水準で有意差あり．四肢骨は瀧川（2005）による

対的に長いといえる。

縄文人とアイヌ

前述した計測的特徴をまとめてみると次のようになる。

1）アイヌの脳頭骨が前後に長い傾向を示すのは縄文人とも関東現代
　　人とも異なる特徴である。
2）上腕骨が扁平でないことと大腿骨の柱状性が顕著でないことは、
　　関東現代人と変わるところがない。

3）顔面の相対的な高さ、鼻骨の最小幅、ならびに上腕に対する前腕
　の相対的な長さでは、アイヌは縄文人と関東現代人の中間に位置す
　る。

4）鼻骨の隆起程度、脛骨の扁平性、および大腿骨に対する下腿骨の
　相対的な長さでは、アイヌは縄文人の特徴ときわめてよく一致して
　いる。

　この中で3)、4)の所見、すなわちアイヌに、縄文人と関東現代人の中
間を示す特徴がみられることと、縄文人とほぼ完全に一致する特徴が認
められることから判断すると、北海道アイヌと東日本縄文人に何らかの
遺伝的なつながりがあったのではないかという考えが浮上してくる。日
本石器時代人（すなわち今でいう縄文時代人）と北海道アイヌの間に密
接なかかわりがあるのではないかという学説は、すでに今から100年以
上も遡る明治時代に提出されている（Koganei, 1893-1984）。

　東京大学の小金井良精博士は1924年に短い総説論文を書いている。こ
の論文の研究目的は、民族改良・人種改良といった多分に優生学的なも
ので、今となってはとても受け入れ難い内容であるが、頭骨と四肢骨を
石器時代人骨、現代アイヌ、日本人について比較した研究結果は引用に
値する。

　以上石器時代人骨とアイヌ及び日本人のものとの比較を極めて簡略に述
べたが、要するに石器時代人骨と日本人のものとは種々な點に於いて著しく
違ってゐる。而して石器時代人骨とアイヌのものとはその間相違の點（殊に
数字の上に於いて）もあるが、予は慥かに共通の點が多いと信ずる。されば
石器時代民族はアイヌ人種の祖先であらうと思ふ。

小金井（1924）

　断片的な史・資料にもとづいて構築された学説が花盛りであった当時
において、実際の人骨資料を用いて石器時代人とアイヌとの関係を論じ

第2章 アイヌとは

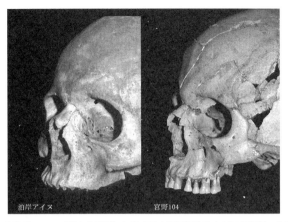

図25. 北海道アイヌ（稚内市泊岸）と岩手県宮野貝塚縄文人104号頭骨の比較（男性）

た小金井博士の研究は、高く評価されて然るべきである。

　筆者は本州・四国・九州、それに琉球諸島の近世から近現代にかけての頭骨をかなりたくさん見てきたが、そのいずれもが縄文人を想わせるものではなく、縄文人特有の特徴を備えているのは、北海道のアイヌ民族の頭骨のみであった。図25に北海道のアイヌと東北地方の縄文人頭骨を比較した写真を掲載した。眉間の部分がお椀を伏せたように盛り上がり、鼻の付け根（前頭鼻骨縫合）が深く陥入し、そこから鼻骨が直線的に前方へ突き出るといった縄文人頭骨に共通する形態的特徴が、アイヌの頭骨にも同様に認められる。

　このような形態の共通性からみると、縄文人と北海道アイヌの間に何らかのつながりがあったことは間違いない。筆者の形態小変異の研究を含めて、国内外の多くの研究者は、北海道のアイヌは縄文人を母体にして成立した民族集団であると考えているが、この点については後で詳しく述べる。

65

3．アイヌの地域差

他民族との交流

　アイヌの体質の地域差を明らかにする研究は大変地味な仕事であるが、アイヌ民族の成立を解明するにはどうしても必要な研究である。千島アイヌが地理的に近接したカムチャッカ半島の住民や、この地方に進出したロシア人と交易していたことが知られているし、樺太アイヌが同じく樺太島に居住していたニブフ（ギリヤーク）と交流していたことは周知の事実である（鳥居、1903；アイヌ文化保存対策協議会編、1970；瀬川、2007）。

　北海道のアイヌも例外ではなく、長い間北海道に孤立していたわけではない。本州が古墳時代だった時期には、北海道アイヌの祖先集団である続縄文人が東北地方に進出していたし（日本考古学協会編、1994）、逆に紀元7世紀頃から始まる北海道の擦文文化の形成には、東北地方の和人が深くかかわっていた（野村・宇田川編、2004）。さらに江戸時代初頭に道南部に松前藩が成立すると、交易や砂金掘りのために多くの和人が北海道各地に入り込んできた（瀬川、2007）。

　一方目を北に向けると、アムール川下流域や樺太（サハリン）に起源をもつというオホーツク文化が紀元5世紀頃から12世紀頃まで、北海道のオホーツク海沿岸に展開していた（野村・宇田川編、2003）。このオホーツク人は、同じ北海道内で約700年にもわたってアイヌの祖先と同居していたのであるから、北海道アイヌの成立に深く関与したことに疑いはない。

　筆者はつい最近まで、東日本の縄文人と北海道の続縄文人や北海道アイヌとの関係、あるいは大陸渡来形質の東北・北海道への拡散過程などにばかり気をとられており、北海道が樺太（サハリン）を経由してロシア極東・シベリアにつながっているという視点を欠いていた。そこでオホーツク人について造詣の深い琉球大学の石田肇氏らに手伝ってもらっ

第2章　アイヌとは

て、アイヌの成立史についての研究を、北海道を視野の中心においてやり直してみた。その結果を 2012 ～ 2013 年に日本人類学会の機関誌に発表したが、内容の詳細は後に述べることにする。

地方的差異

　アイヌ頭骨の地方的差異の研究に最初に取り組んだのは、北海道大学の伊藤昌一氏であった（伊藤、1967）。伊藤氏は北海道大学と東京大学に収蔵されている 634 個体のアイヌ頭骨を用いて、北海道、樺太、北千島を 21 地域に分けて、22 項目の頭骨計測値と示数を一つひとつ比較しながら共通する特徴を選び出し、アイヌを次の 5 群に分類した。

第 1 群：オホーツク海沿岸の北は樺太から道北部を経て南千島に至る地
　　　　域
第 2 群：太平洋沿岸の道南部と道南西部
第 3 群：太平洋沿岸の道東部
第 4 群：日本海沿岸の道西部
第 5 群：北千島

　これをさらに大きな目でみると、札幌付近を通る経線の東西で差異が明瞭であるという。すなわちこの経線の東側では概して顔幅が広く、西側では比較的に顔幅が狭いという違いがみられる。また、オホーツク海沿岸部にみられるアイヌの形態的特徴には、オホーツク文化の代表的遺跡である網走のモヨロ貝塚人の影響が、道西部の小樽と道南西部の森の両地区のアイヌの特徴には和人の影響がそれぞれあったのではないかという、地域差が生じた原因も示唆している。
　アイヌの地域差の成因についてさらに踏み込んだ分析をおこなったのが、国立科学博物館の山口敏氏である（山口、1981b）。山口氏は脳頭骨の高さと顔面の幅と高さの 3 計測項目を用いて判別関数という手法で分析をおこなった。それにより、図 26 に示したように、北海道アイヌの頭

67

骨が、平均よりアイヌらしさの弱い個体が多い道南部、平均よりアイヌらしさの強い個体が多い道東部、それにアイヌらしさの強い個体と弱い個体が相半ばするオホーツク海沿岸部に分けられることをみいだした。そして山口氏は、北海道南部は、縄文時代から各時期を通してしばしば東北地方と共通の文化圏を形成していたこと、オホーツク海沿岸地域には、続縄文時代から擦文時代にかけての時期にオホーツク文化と呼ばれる北方的な外来文化が栄えていたこと、このような先史文化の地域差がアイヌの地方差と密接に関連しているのであろうという考えを述べている。大筋では伊藤昌一氏の指摘と一致している。

その後アイヌの成立史を解明するために、アイヌの地方的差異が頻繁に研究されるようになってきた。頭骨の計測的特徴を指標にするもの、頭骨の形態小変異を用いたもの、歯の計測的・非計測的特徴を指標にするものなどの論文が次々と発表されてきた（Shigematsu et al., 2004；近藤、2005；Ossenberg et al., 2006；Hanihara et al., 2008；Fukumoto and Kondo, 2010；

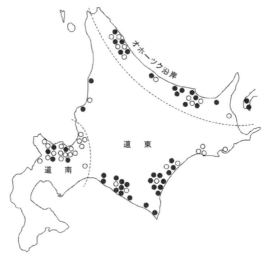

図26. 小金井資料のアイヌ頭骨のうち、判別関数において、平均よりアイヌらしさの強い個体（●）と弱い個体（○）の分布

Kaburagi et al., 2010；Hanihara, 2010）。これらの論文のほとんどは、北海道のオホーツク海沿岸部のアイヌには、オホーツク人を介して、アムール川下流域住民に代表される大陸北東アジア集団からの遺伝子流入があったことを主張している。

　それに加えて、2006 年から 2011 年にかけての、山梨大学の安達登氏らと北海道大学の大学院生であった佐藤丈寛氏らの古人骨のミトコンドリア DNA の研究によって、北海道アイヌにはオホーツク人の遺伝子が相当に強く浸透していることが明らかになった。こうなると、筆者と佐賀大学の川久保善智氏が主張した、東日本縄文人→北海道続縄文人→北海道アイヌといった単純な小進化モデル（Dodo and Kawakubo, 2002）は修正を余儀なくされることになる。このような理由で、前述したように、筆者らは 2012 ～ 2013 年に修正論文を書いたのであるが、それは筆者が大学を定年退職した後のことである。

4．有珠鉄器貝塚人

　前述したように、民族としての北海道アイヌが成立するのは、日本史でいう中世の 13 世紀以降である。江戸時代初期のアイヌ人骨が、北海道伊達市有珠 4 遺跡から 23 個体発掘されている。そのうちとくに保存状態のよい 18 号と 20 号の成人男性人骨は、1640 年の駒ヶ岳 d 火山灰降下以後、1663 年の有珠 b 火山灰降下以前、すなわち 1640 ～ 1663 年の 23 年の間に埋葬されたことが明らかにされた貴重な事例である（伊達市噴火湾文化研究所、2009）。

　北海道伊達市の有珠善光寺遺跡では、1961 年から大阪大学の小浜基次氏らが数度にわたって発掘調査をおこない、縄文晩期から近世に至る各時期の人骨の収集に成功した（小浜ほか、1963）。この中には、有珠 b 火山灰降下以前の火山灰（有珠火山灰 c2 層）下の貝層から検出された 8 個体分の人骨が含まれており、降灰時期と考古学的な所見から、これらの人骨は室町・桃山時代のものであると考えられた。

大阪大学の栗栖浩二郎氏はこれらの人骨を有珠鉄器貝塚人と称し、き
わめて保存状態のよい成人男性2例、成人女性1例の頭骨を選び出し、
詳しい分析をおこなった（栗栖、1967）。有珠鉄器貝塚人はすべて東枕、
伸展葬で、太刀、山刀、漆器、船釘などが副葬されており、近世アイヌ
の埋葬と多くの共通点があるとのことである。3例の頭骨の分析結果は
次のようにまとめられている。「有珠鉄器貝塚人の頭骨はいずれも長頭
の傾向がみられ、眼窩は鈍四角形で、鼻は広鼻の傾向があり、下顎枝示
数が大きい。縫合は比較的単純で、動揺下顎が多く、アイヌ的特徴を多
くもっている。判別関数を適用したところ、いずれもアイヌに判別され
た。」筆者の知る限り、この有珠鉄器貝塚人が最も古いアイヌ民族の遺骨
である。

5．擦文時代人骨

アイヌ文化期以前、日本史でいう古代に相当する7世紀から12世紀に
かけては、オホーツク海沿岸部を除く北海道のほぼ全域に擦文文化が展
開していた。東北地方の土師器の影響を受けた擦文式土器を使用し、カ
マドもつ竪穴住居に住み、鉄製の農具など農耕民の文化を取り入れた狩
猟採集民の文化と考える研究者もいる（瀬川、2007）。いずれにせよ、擦
文文化がアイヌ文化の原型であったことには間違いない。

ウサクマイ遺跡

遺跡が全道に広がっているわりには擦文時代の人骨の発見例は少ない。
千歳市ウサクマイ遺跡は、ウサクマイ遺跡研究会によって1963年、1964
年、1966年の3次にわたり調査され、擦文時代の土壙墓28基が発掘さ
れた。副葬品は蕨手刀など多数が検出されたが、人骨は東頭位・屈葬の
もの9体のみで、しかも保存の状態が悪く観察に耐える資料は頭骨のご
く一部にすぎなかった（ウサクマイ遺跡研究会編、1975）。これらの人骨の
計測はできなかったが、頭骨の形態小変異には舌下神経管の二分傾向、

傍顆突起、外耳道骨種、翼棘孔、床突起間結合などの骨過形成的変異が
みられるほか、下顎骨には動揺下顎が認められるなど近世アイヌとの親
近性が示唆された（三橋ほか、1975）。

有珠善光寺遺跡

　大阪大学が発掘した有珠善光寺遺跡からも、B10 号と C14 号と名付け
られた 2 例の成人男性の擦文時代人骨が得られている。B10 号頭骨は顔
面部を破損するが、C14 号頭骨は顔面部も含めてほぼ完全である。この
頭骨を独特な数学的手法を用いて分析した大阪大学の欠田早苗氏によれ
ば、有珠善光寺遺跡では時代とともに骨格が繊細化してアイヌ的特徴が
明確になっていくが、擦文期の頭骨はこの流れからはずれて、むしろ東
北地方の日本人に類似しているという。このことは、擦文時代には東北
地方から文化遺物を携えて北海道に渡って来た人がいたことを示してい
るのであろう。これが欠田氏の考えである（Kanda, 1978）。かなり難解な
論文であったので、東北地方の和人に似た擦文時代人骨とは実際にはど
んな顔つきをしているのかを知りたくて、筆者は欠田氏にお願いして頭
骨の写真を送っていただいた。詳しく検討してみると、B10 号頭骨は顔
面部が破損しているので何ともいえないが、ほぼ完全な頭骨である C14
号は、アイヌとみなしても一向に差し支えないように思えた。

　そこで、筆者自身で分析してみようと、欠田論文に記載されていない
C14 頭骨の頬骨弓幅という計測値を教えていただきたいと欠田氏にお願
いの手紙を書いた。欠田氏からは、C14 頭骨は右側の頬骨弓が欠損して
いるので、思い切って推定値を求めると 4 回測って 133 〜 134mm という
値が得られたというお返事をいただいた。今から考えると、ずいぶんと
失礼なことをしたものである。その手紙の日付をみると 1989 年 6 月 19
日となっており、筆者 44 歳の生意気盛りのときであった。まさに汗顔の
至りである。

　さてその計測値 133.5mm を含んだ 18 項目の頭骨計測値を用いた、正
準判別分析という統計的手法によって、有珠善光寺 C14 頭骨が東日本縄

71

文人、北海道アイヌ、大陸系の弥生人のいずれの集団に属するかを調べた。C14 号は縄文人とアイヌの分布がちょうど重なるところにプロットされ、大陸系の弥生人とはずっと離れているという結果が得られた。この結果から筆者らは、有珠善光寺擦文時代人 C14 号は、東日本縄文人が北海道アイヌへと移行する中間段階に位置する人骨であると結論した（Dodo and Kawakubo, 2002）。

　有珠善光寺の擦文時代人骨は、欠田氏が主張するように東北地方の和人のものであるのか、筆者らが考えるように縄文人からアイヌへの移行型を示すものなのかは、分析したのが頭骨の計測値だけなのでまだはっきりとは分からない。しかし、頭骨の写真から判断すると、どうもアイヌ的だと思われる。今後、頭骨の形態小変異や歯の形態分析、場合によっては骨から抽出した DNA の分析が必要であろう。

下田ノ沢遺跡

　保存状態が比較的良好な擦文時代人骨は、道東部の厚岸町からも発見されている。1966 年に厚岸町教育委員会の手によって厚岸町下田ノ沢遺跡から発掘されたもので、長径 110cm、幅径 65cm、深さ 30cm の長楕円形の墓壙に、頭を南西に向けて、側臥屈葬の姿勢で埋葬されていた。墓壙内からは口縁を欠損する高坏の擦文土器が 1 点検出されている。アイヌの伸展葬と異なり屈葬であったこと、アイヌの墓のように副葬品を豊富に供えておらず擦文土器 1 点のみが検出されたことから判断して、この墓は擦文時代のものであると考えられた。しかし、実際に発掘に参加した考古学者にはこの推定に異論があるようで、筆者らが 1991 年に発表したこの人骨についての分析結果がほとんど無視されてしまっているのも、もしかしたらそのような事情が関係しているのかもしれない。

　その論文を発表した後、東京大学の米田穣氏にこの人骨の放射性炭素（C14）による年代測定をお願いした。海洋リザーバー効果などの補正をおこなって得られた年代は、この人骨に含まれる炭素の 100％が海産物由来の場合は暦年代で西暦 1090 ～ 1220 年、80％の場合は 950 ～ 1040 年

というものであった。安定同位体の分析から、この下田ノ沢人骨が海産物に非常に大きく依存していたことが知られているので、人骨に含まれる炭素の80〜100%が海産物由来であったとしても少しも不自然ではない。したがって、下田ノ沢人骨の年代は10世紀から13世紀にかけてのものと考えておけば大きな誤りはないと考える。このようにC14年代測定からも、下田ノ沢人骨が擦文時代に属するものであることが支持されたわけである。

　筆者らの論文（百々ほか、1991）を参考にしながら、下田ノ沢擦文時代人骨の形態的特徴の概略を解説する。人骨は頭骨のほか、上腕骨、大腿骨、脛骨、腓骨などが残るが完全なものはない。年齢は成人、性別は女性である。頭骨の正面観を図27に示すが、計測できる項目は多くはない。それに反して歯はよく保存されており、下顎の第2切歯以外はすべて計測可能であった。そこで歯の計測値を用いて、下田ノ沢人骨が北海道アイヌ、本州の縄文人、あるいは本州の現代人のどの集団に近いかをペンローズの形態距離という方法で調べてみると、北海道アイヌとの距離が0.498、縄文人との距離が0.543、本州日本人との距離が0.869となり、北海道アイヌに最も近いということが明らかになった。

　次に頭骨の形態小変異19項目の出現状態をもとに、下田の沢人骨が北海道アイヌと本州の日本人のどちらにより近いかを確率計算によって求めると、本州日本人よりも100倍以上もアイヌらしいという結果が得られた。後に述べるように、形態小変異の中には、第3後頭顆というアイヌに特異的に発現するといってもよい特徴が含まれている。そこでこの小変異を除いて確率計算をしてみたが、それでも下田ノ沢人骨は本州日本人よりも4倍もアイヌらしいという結果であった。

　個々の特徴についてみると、まず上顎の第1切歯のシャベル状形態が問題になる。下田ノ沢人骨のシャベル状の窪みの深さは0.68mmで、北海道アイヌ（0.64mm）と縄文人（0.63mm）の平均値に近く、本州日本人の0.92mmよりも明らかに浅い。大腿骨には柱状形成が認められるが、骨体前面が破損していたので計測値は得られなかった。脛骨の扁平

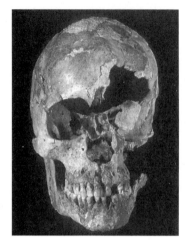 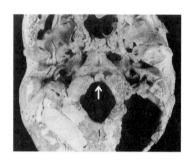

図27. 北海道厚岸町下田ノ沢遺跡出土の擦文時代人頭骨（女性）　　図28. 下田ノ沢擦文時代人頭骨にみられた第3後頭顆（矢印）

示数は70.4で、北海道アイヌ女性平均65.4と本州日本人女性平均78.7のほぼ中間の値を示すので、脛骨の扁平度は中等であるといえる。頭骨の形態小変異では眼窩上孔がないこと、舌下神経管が二分すること、頬骨に横縫合の残存がみられることは、明らかに北海道アイヌ的な特徴である。大腿骨と脛骨の最大長を復元してピアソンの式で身長を推定すると144.8〜145.3cmとなり、明治時代の北海道アイヌ女性の平均身長146.8cm（Koganei, 1893-1894）と大差はない。

　最後に第3後頭顆についてひと言述べておきたい。頭骨の底部には、前後径4cm、幅3cmほどの脊髄を通す穴があいている。大後頭孔という。図28に示すように、この穴の前縁に小指の爪くらいの大きさの関節面がまれに出現することがある。第2頸椎の歯突起という棒状の突起の先端と関節することはわかっているが、その機能的な意義はいまだ不明である。第3後頭顆がアイヌに多いことは明治時代から知られており、小金井（1890b）によれば、北海道アイヌ男女163例中9例（5.5%）にみられたという。また、北海道大学におられた渡辺左武郎氏は八雲アイヌ109例中に7例（6.4%）を報告している（渡辺、1936）。筆者は北海道

アイヌ 183 例中 13 例（7.1%）にこれを観察している。東北・関東の日本人については、鎌倉時代から現代に至るまでの男女合わせて 565 例を調べたが、その中に 1 例もこの関節面をみいだすことはできなかった。

第 3 後頭顆はアイヌに限ってみられるものではなく、北米やオーストラリアの先住民にも 2 ～ 4％の頻度で出現することが報告されている（Yamaguchi, 1967；Ossenberg, 1969）。しかし国内に限ってみると、やはりアイヌに特異な小変異とみなしてもそれほど大きな誤りではなさそうである。したがって、下田ノ沢人骨のように北海道内で発見された古人骨に第 3 後頭顆がみられたということは、この人骨が北海道アイヌ的であると考えるきわめて有力な根拠になる。

以上述べたような理由で筆者らは、下田ノ沢擦文時代人骨は、形質人類学的には近世北海道アイヌと何ら異なるところはないと結論した。発掘例が限られているのでまだ断定はできないが、擦文時代人は文化面だけではなく体質面においても、基本的には北海道アイヌの祖型をなした人々であったと考えて差し支えないと思われる。

6．アイヌ頭骨との出会い

神恵内村

1969 年 4 月、筆者は仙台の大学を卒業した後、縄文人骨の研究を志してその方面の研究を盛んにやっていた札幌医科大学解剖学教室を訪ねた。そのまま札幌に居続け、その年の 12 月に幸い助手に採用してもらった。指導教員であった助教授の山口敏氏（現国立科学博物館名誉研究員）のお手伝いで発掘された縄文人骨の洗浄や復元をおこなっていたが、1970 年 9 月 10 日にはじめて発掘調査に出かける機会が訪れた。積丹半島の神恵内村で道路工事中に骨が出たという知らせが入ったのである。当時小樽市立博物館に勤務されていた考古学者竹田輝雄氏に連れられて現地に向かったのであるが、今と違ってその当時は自動車道路もなく、神恵内村に行くのには岩内町から漁船のような船に乗らなければな

らなかった。

　現場で骨の周辺を広げてみると、半分ほど壊されていたが立派なアイヌの墓がみいだされた。骨そのものの保存状態はよくなかったが、東枕の伸展葬であることが確認され、副葬品として大小の刀剣と漆塗りのお椀が出土した。この人骨を第1号と名付けた。その墓から5mくらい離れた場所に頭骨片と四肢骨の一部が散乱しており、これを第2号とした。

　当時の神恵内村では、古人骨の発掘など非常に珍しかったようで、多くの見物人ばかりでなく警察官まで来ていろいろ事情を訊かれたりした。村の古老の話では、昔はこのあたりは草むらで、近くにアイヌの人たちが住んでいたということであった。

3号頭骨

　同じ年の10月5日に、また工事中に人骨が出たという連絡が神恵内村から入った。再び竹田輝雄氏に連れられて現場にかけつけたが、前回は船酔いがひどかったので、今度は岩内からトロッコ道を歩くことにした。4〜5時間もかかってやっと神恵内村にたどり着いた。

　骨は道路の下70cmくらいの所に頭が半分ほど露出していた。工事作業員が手を貸してくれると期待していたが、一向にその気配がないので、工事現場からツルハシとスコップを借りて、竹田氏と二人で骨のあるところまで道路を掘り進めることにした。筆者の野帳に記してある断面図をみると、舗装された道路表面20cm、川原石混じりの褐色土が40cm、黒色土層が20cmで、その中に当時の考古学者が"アイヌの貝塚"と呼んでいた近世の貝塚が5cmくらい堆積しており、頭骨はその貝層の中に埋まっていた。その下は褐色の粘土層で、全部で80〜90cmも道路を掘り進んだことになる。下顎骨は見つからなかったが、ほぼ完全な頭骨と貧乏徳利が掘り出されたので、それで発掘はやめた。というのも、舗装された道路表面をツルハシで砕くだけで、竹田氏と二人で汗びっしょり。もうそれ以上掘る気力もおこらなかった。この頭骨を第3号とした。男性頭骨である（図29）。

第2章　アイヌとは

　掘りだした頭骨を研究室に持ち帰って山口先生にみせたところ、「絵に描いたようなアイヌだね」といわれたが、まさに見ていてほれぼれするような頭骨であった。眉間は膨らんで、鼻の付け根は落ちくぼみ、そこから幅の広い鼻骨がまっすぐに前方に突き出ている。顔は立体的で左右の眼窩も大きく長方形をなし、いかにも俺はアイヌだといわんばかりの誇り高い面構えをしていた。これが、筆者がはじめてアイヌを意識した頭骨で、一生の研究の方向はこれで決まったようなものである。この頭骨を見て、縄文人だといって帰った人類学者は何人いただろうか。その中には後に学会の重鎮になられた碩学もいる。

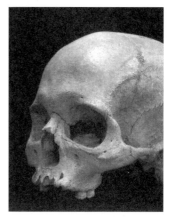

図29. 北海道積丹半島の神恵内村から発見された第3号アイヌ頭骨（男性）

第3章　形態小変異とは

1．外耳道骨腫

　縄文人とアイヌの骨を主体とした研究をやるという方向性は決まったのであるが、何をどんな方法を用いてやるかを自分で決めるのはなかなか難しい。札幌医科大学では噴火湾沿岸の貝塚を中心に発掘調査を進めていたが、1963年から1968年にかけて、洞爺湖の近くの虻田町（現洞爺湖町）にある高砂貝塚や入江貝塚から40体以上の縄文人骨を発見していた。これらの人骨の中に外耳道骨腫という良性腫瘍が多発することが注目されていたが、指導教員の山口先生の勧めでそれを筆者がまとめることになった。

　外耳道というのは外耳孔（いわゆる耳の穴）から鼓膜までの約3cmの通路のことで、その内側2/3は骨でできているので骨性外耳道という。もちろんその表面は皮膚に覆われている。図30に示すように、この骨性外耳道に良性の骨腫瘍ができると、ひどい場合は外耳道をほぼ完全に埋め尽くしてしまうこともある。海外では外耳道骨腫の研究の歴史は古いが、わが国では大正年間に、人類学者の長谷部言人博士が岩手県の大船渡湾沿岸の石器時代人にこれが頻繁にみられることを報告したのが最初である（長谷部、1925）。

　筆者が調べたところ（百々、1972）、外耳道骨腫は北海道では噴火湾と石狩湾で頻度が高く、噴火湾の高砂貝塚縄文人では18側中9側（50.0%）に、入江貝塚縄文人では19側中4側（21.1%）に見られ、石狩湾では坊主山遺跡の続縄文時代人に21側中8側（38.1%）が観察された。北海道全体の縄文人と続縄文人における出現頻度は107側中24側（22.4%）で、北海道アイヌ461側中14側（3.0%）、現代関東地方人216側中5側（2.3%）よりはるかに高かった。このように石器時代には、東北地方の大

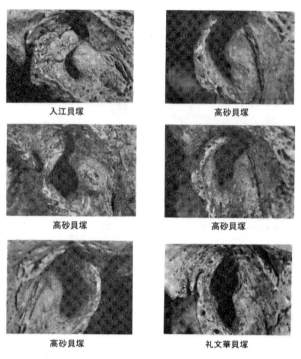

図30. 北海道噴火湾沿岸の貝塚から出土した縄文時代人骨にみられた外耳道骨腫

船渡湾沿岸だけでなく、北海道の噴火湾と石狩湾沿岸にも高頻度で外耳道骨腫がみられることが明らかになったのである。

冷水刺激

このような外耳道骨腫ができるのは、かかりやすさ（素因）も無視できないが、外耳道への冷水刺激が主な原因であるという学説が有力であった。その根拠となったのは、日本各地の海女や裸潜漁夫にこの骨腫が多発することや、山間部の遺跡から出土した縄文人骨には骨腫がほとんどみられないことなどであった。

その後京都大学の片山一道氏は独自に国内各地の縄文人骨を調べ（片

山、1998）、またカリフォルニア大学のケネディ氏は、文献から世界各地の人類集団と水温の指標になる緯度との関係を調べ、外耳道骨腫は海水や淡水の食料資源を採取するために、泳いだり潜ったりする際に生じる外耳道への冷水刺激が引き金になって発現すると主張した（Kennedy, 1986）。今や冷水刺激説が定説になっていると考えてよい。

　外耳道骨腫は、北海道や東北地方のように水温の低い地域で、縄文人が盛んに海に潜って海産物を採っていたという生活誌を復元するにはよい指標になるであろう。縄文人の生活の復元は考古学者にとっては魅惑的な研究テーマであるかもしれないが、筆者は縄文人やアイヌの成り立ちといった系統論に興味があったので、生活環境の影響が明らかな形態小変異である、外耳道骨腫の研究はこれ以上続ける必要はないと判断した。

生活論

　話はそれるが古代人の生活についてひと言述べておこう。国立科学博物館に在職していた当時、部長であった鈴木尚先生に「人類学には"生活"がなくてはだめだよ」と何度も注意されていた。縄文人の生活の様子を最もよく反映している人体部位は歯である。縄文人の歯は、現代人よりも激しくすり減っているのが普通である。とくに縄文早・前期人にその傾向が強く、特殊な歯のすり減りも珍しくない。砂混じりの食物を摂取する、皮をなめす、あるいはエナメル質より固いケイ素を含んだ植物繊維を加工するなどのために、歯を道具としても使っていたことが原因であろうと考えられている。

　このほか現代人にはみられないが、縄文人に頻繁にみられる歯の特徴に抜歯がある。縄文時代には成人式などの通過儀礼として、前歯の一部を人為的に抜き去る風習があったのである。歯のすり減りや風習的抜歯を縄文人骨の特徴の項で述べなかったのは、それなりの理由がある。筆者は、縄文人骨に固有な形態的特徴と生活習慣に起因することが明らかな特徴を分けて扱うべきであると考えているからである。縄文人の系統

を論じるとき、生活と関係した特徴は不要である。このような筆者の態度を読み取った鈴木先生が、筆者に生活論の大切さを教えてくれたのだと思う。

しかし、実際に人類学と生活の密接な関連を筆者が理解できたのは、2003年になってからのことである。この年の11月、ひょんなことから、ベトナムで旧石器時代人骨を探し求めていたフランスとベトナムの調査チームと一緒に発掘調査をすることになった。ホアビン省にある石灰岩洞窟の調査であったが、サイ、ゾウ、オランウータン、サル、シカ、イノシシなどの動物の歯の化石がたくさん発掘された。筆者は飛び入り調査員だったので、洞窟の外でもっぱらフルイ作業に徹していたのだが、もしかしたら人類のものではないかと思われる臼歯が1本出てきた。周りのみんなに見てもらったが結局よくわからなかったので、宿舎に持ち帰り図譜と見比べたところ、どうもオランウータンの歯ではないかということになった。すり減りのない咬合面（上の歯と下の歯がかみ合う面）をみれば、オランウータンの歯は"しわしわ"になっているので人類の歯とすぐに区別がつく。しかし咬合面が完全にすり減ってしまった歯であったので、歯を専門にしていない筆者には区別がつかなかったのである。ここが解剖学と人類学の違うところだ。解剖学ではすり減りのある歯は問題にしない。しかし人類学では、生活の過程ですり減って咬合面の特徴が見えなくなってしまった歯でも、人類のものかどうかを判定しなくてはならない。その意味ではやはり、筆者は人類学者にはなりきれていないのである。

ここで人類学研究の見本になるような例を紹介してみたい。京都大学名誉教授の茂原信生氏は、長野県松本市近くの北村遺跡から出土した大量の縄文人骨の研究をおこなったが、その年齢判定法にみるべきものがある（茂原、1993）。20歳くらいまでの年齢は、歯の萌出順序にもとづいてかなり正確に推定できるが、成人後の年齢推定は非常に難しい。壮年、熟年、老年の3段階くらいに分けられれば上出来である。ところが茂原氏は、ヒトでは第1大臼歯が6歳、第2大臼歯が12歳、第3大臼歯

が18歳前後にはえることを利用して、もっと細かい年齢推定を試みた。まったく摩耗のない第3大臼歯をもつ個体を18歳とみなして、各大臼歯がはえる6年の間に摩耗がどのくらいずつ進んでいるかを考慮して、北村縄文人に適応できる10年間隔の摩耗パターンの基準図を作成した。この基準図により各個体が、20～30歳、30～40歳、40～50歳、50～60歳、60歳以上のどの年齢段階にあるかを判定したのである。縄文人が暮らしていく過程で歯がどのくらいずつすり減るのかを利用した、まさに生活と人類学を見事に融合させた研究である。

2．形態小変異の特徴

　話は前後するが、生活論にあまり興味がもてなかったので、師匠の山口敏先生に相談したところ、こういう研究方法もあると教えてくれたのが頭骨の形態小変異であった。それまでの骨の人類学的研究では、頭骨の長さや幅、あるいは顔面骨の幅や高さなどを測る計測的方法が主流であった。計測には保存状態のよい頭骨が必要であるが、形態小変異は発掘調査で得られた部分骨にも適用できるという利点がある。しかも前述したように、本土の日本人の頭骨計測値には、古墳時代以降現代まで大きく変化する項目があることが知られている。この点に関して頭骨の形態小変異がどうであるのかはまったくの未知数であったが、とにかくやってみる価値は十分にありそうに思われた。結局その後、頭骨の形態小変異とのかかわりは、現在まで40年以上にも及ぶことになった。

頭骨の形態小変異
　頭骨には、計測では表すことができない微細な形態異常（すなわち小変異）がいたる所に出現する。その一部を図31に示した。たとえば、眼窩の上縁には眼窩上神経という神経の通る穴、すなわち眼窩上孔が出現することがある（図32）。本州の日本人の約半数にはこの孔が認められるが、残りの半数にはこれがなくて、眼窩上縁に浅い凹みがみられるだけ

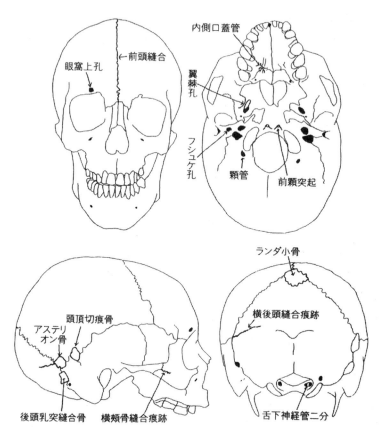

図31. 頭骨の形態小変異

である。また、頭骨底部には脊髄の出口に相当して大後頭孔という大きな穴があいているが、その左右両側に舌下神経管という舌の運動を司る神経の通る骨の通路がある。通常はこの管は単一であるが、ときには薄い骨の板で管が二つに分けられることがある。これを舌下神経管二分という（図33）。本州の日本人では約15％の人にこれが見られる。

このような頭骨の形態小変異についての論文を、1967年に、イギリス

第 3 章　形態小変異とは

図32. 眼窩上孔（右眼窩）

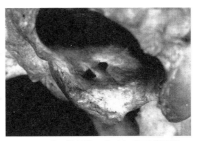
図33. 舌下神経管二分（左舌下神経管）

の遺伝学者であるベリー夫妻が「Journal of Anatomy」という解剖学の雑誌に発表したのであるが（Berry and Berry, 1967）、この論文が火付け役となり、その後1970年代には、形態小変異に関する夥しい数の論文が次々と公表された。その数は90編以上にのぼる（Chiarelli and Tarli, 1979）。

ベリー論文によると、形態小変異には次のような利点があるという。

1）年齢差、性差、項目間相関がなく、計測的特徴よりも集団間の距離計算がしやすい。
2）"ある・なし"の判定が簡単に素早くできる。
3）形態小変異にもとづいた集団間距離は、計測的特徴から算出した集団間距離より正確に遺伝的な違いを表す。

このように、まるでよいことずくめで、多くの研究者が形態小変異に飛びついたのも無理からぬ話であった。ベリー論文は、集団間の距離を求める方法としてスミスの距離（後述）を導入したことは高く評価されるが、二人とも本業は遺伝学者であったので、解剖学者の目からみると、彼女らが用いた形態小変異30項目にはかなり不備があるように思われた。どうやって"ある・なし"を判定したらよいのかわからない項目や、明らかに生活環境の影響を受けやすい項目が多すぎるのである。ベリー論文に追随した研究者の多くが、それらの観察項目を踏襲したの

は、あまりにも思慮に欠くといっても言いすぎではないであろう。

そこで筆者は、独自に観察項目を選び出すことにした。これらの小変異は、ヒトが生きていく上で何ら支障をきたさないと考えられるものでなくてはならない。しかも"ある・なし"をかなり客観的に判定できるものである必要がある。そうなると、数は自ずから限られてくる。

項目の選定

骨の破格（anatomical variation、すなわち形態変異のことであるが、解剖学では破格と呼ばれることも多い）の解剖学は、19世紀末から20世紀初頭にかけて、フランスを中心にしてイギリスとドイツでも盛んに研究されていたが、わが国では明治・大正年間にドイツ留学帰りの小金井良精、鈴木文太郎、足立文太郎といった解剖学者がヨーロッパに負けないほど立派な教科書や論文を書いていた。

2001年に東北大学の客員教授として来日し、日本各地の古人骨の調査をおこなったカナダのベテラン人類学者オッセンバーグ女史に、「19世紀以来、日本人学者は骨の形態変異に関する研究では、世界の最先端を走っていた」と言わせたほどである（Ossenberg et al., 2006）。観察項目を選び出すにあたり、ヨーロッパの研究書ばかりでなく、これら日本人学者の業績が大いに参考になった。

昭和年間に入ると、頭骨の形態小変異の人類学的応用が始まり、人類諸集団（日常用語でいうと"人種"に相当する）の特徴や集団間の異同を明らかにするための研究論文が数多く発表されるようになった。これらの中で筆者が観察項目を選定するのに参考になった文献には、次のようなものがある。

Wood-Jones, 1931；Oetteking, 1930；Akabori, 1933
Yamaguchi, 1967；De Villiers, 1968；Ossenberg, 1969

また、観察項目の一つである眼窩上孔の解剖学的所見については、岡

第 3 章　形態小変異とは

表 6.　頭骨の形態小変異

1	前頭縫合
2	眼窩上神経溝
3	眼窩上孔
4	ラムダ小骨
5	横後頭縫合痕跡
6	アステリオン骨
7	後頭乳突縫合骨
8	頭頂切痕骨
9	顆管開存
10	前顆結節
11	傍顆突起
12	舌下神経管二分
13	鼓室板裂開
14	卵円孔棘孔連続
15	ヴェサリウス孔
16	翼棘孔
17	内側口蓋管
18	横頬骨縫合痕跡
19	頸静脈孔二分
20	上矢状洞溝左折
21	床状突起間骨橋
22	顎舌骨筋神経管

山大学の大内弘氏らの論文によるところが大きい（Kato and Outi, 1962）。

　これらの文献を参照するとともに、ご遺体を実際に解剖しながら試行錯誤の末、結局表 6 に示したような 22 項を観察項目とすることにした。各項目の説明は省略するが、それがどのようなものであって、どんな基準で"ある・なし"を判定するのかは、筆者らの論文を参照していただきたい（Dodo, 1974 ; Dodo and Ishida, 1990）。また 1989 年には、オーストリアとイタリアの解剖学者が約 1400 編もの文献を引用して、頭骨の形態

小変異を詳述した著書を出版したが（Hauser and De Stefano, 1989）、筆者が選んだ観察項目のほとんどは、その著書の中で解説されている。ヨーロッパに流れる学問の底力を感じさせる良書である。これから形態小変異の研究を始めようとする人にとっては、まさに必読の書であろう。前述のように筆者はベリー夫妻の論文を批判したが、筆者の選んだ22項目も、実際にデータを取り始めてみるといろいろ不備があることが明らかになってきたので、この点は自己批判をしなくてはならない。

　後で詳しく述べるが、わが国の住民は大局的にみると、縄文人・アイヌ系と大陸の弥生人・古墳人、それに本土の歴史時代人および現代人（本土日本人系と仮称する）の二系統に分類されるが、この二系統を判別するのにどの項目がどの程度寄与しているかを調べてみたところ、次のような結果が得られた（Dodo and Ishida, 1990）。

1）	眼窩上孔	22.1%
2）	横頬骨縫合痕跡	18.6%
3）	顎舌骨筋神経管	10.6%
4）	舌下神経管二分	9.1%
5）	内側口蓋管	8.4%
6）	横後頭縫合痕跡	6.0%
7）	床状突起間骨橋	5.4%
8）	ラムダ小骨	3.3%
9）	傍顆突起	3.3%
10）	ヴェサリウス孔	3.2%
11）	卵円孔棘孔連続	3.0%
12）	鼓室板裂開	2.4%
13）	顆管開存	1.9%
14）	翼棘孔	1.4%
15）	眼窩上神経溝	1.1%

第3章　形態小変異とは

　この分析をおこなったときには頸静脈孔二分と上矢状洞溝左折を調べていなかったので、この2項目の寄与率は不明であるが、残りの5項目（前頭縫合、頭頂切痕骨、アステリオン骨、前顆結節、後頭乳突縫合骨）の寄与率はすべて1%未満である。今から思えば、日本列島諸集団の類縁関係を推定するには、15項目あるいは10項目もあれば十分であったのかもしれない。ただ試行錯誤の末に選んだ22項目であったので、筆者はこの項目を最後まで使い続けた。

　もう一つの不備は、"ある・なし"の判定の客観性にある。いくら厳密に基準を定めたところで、実際にデータを取ってみると、自分自身でも判断に迷う事例に何度も遭遇する。たとえば、後頭乳突縫合骨だ。この部分は縫合の閉鎖が早いので、かすかにみえる縫合骨の痕跡らしいものを"あり"と記録するか、あるいは観察不能とするか、観察者本人でしか決断することができない。また、横後頭縫合痕跡は途切れ途切れに縫合が残存している場合があり、これを全部足したものが10mmを超えていれば"あり"と判定するか否か。これも観察者本人の基準にゆだねられており、観察者間誤差のもとになる。このような理由で筆者は、原則として、自分で取ったデータしか分析に用いないようにしてきた。他の研究者が自ら採取したデータを、筆者が公表したデータと比較してかなり順当な結果を出している例がしばしばみられるが、それは比較項目に判別効果が高く、しかも観察者間誤差のほとんどない項目（上に述べた1）～5）のような項目）が含まれているためかもしれない。

　形態小変異の"ある・なし"は、量的遺伝学の閾値モデルで説明されているが、筆者が項目を選定しているときには、形態小変異の遺伝的背景にはほとんど関心を払っていなかった。ましてや集団の系統関係を推定する上で、形態小変異が計測的研究よりも優れているとも思わなかった。筆者が知る限り、最初に頭骨の形態小変異を人類学的に応用したのは米国の人類学者サリヴァンである（Sullivan, 1922）。アメリカ先住民頭骨の研究であったが、彼らには頭の骨を人工的に変形する風習が広く行きわたっていた。そういう頭骨には計測的方法が使えないが、ひょっとし

89

たら、頭骨の形態小変異が有用なのではないかと考えたのである。サリヴァン氏は「この方法は頭骨の計測的方法の代わりとして積極的に用いるのでなく、計測的方法が使えなかった場合に、もう一つの可能性のある、あるいは補助的な方法として使うべきである」と言う。筆者もこの程度の認識で、頭骨の形態小変異の研究に着手したのである。

性差

頭骨は男性の方が女性より大きいのが普通である。したがって、特殊な処理を施した場合を除いて、計測値は男女別々に取り扱わなければならない。しかし形態小変異の場合、その発現に性差がほとんどみられないので、男女を一括して扱って差し支えないというのが、ベリー夫妻の主張であった（Berry and Berry, 1967）。しかし、これには異論も多く、批判する立場の論文が何編も発表された。アメリカ白人と黒人の頭骨321例を調べたコルッキーニ氏の論文（Corruccini, 1974）がその代表である。

筆者も1974年に、東京深川の雲光院跡から出土した江戸時代人骨を調査するとともに文献も参照して、本土の日本人では、眼窩上神経溝、鼓室板裂開と横頬骨縫合痕跡は女性に多い形態小変異であり、横後頭縫合痕跡と翼棘孔は男性に多いことを明らかにした（Dodo, 1975）。京都大学の毛利俊雄氏は自身の博士論文で、日本および日本周辺の13集団の頭骨を資料とし、これら各集団における形態小変異の出現頻度の性差を同時に調べる方法を用い、次の8項目が5％水準（過ちをおかす確率が100回に5回という意味）で有意であることを示した（毛利、1986）。

男性に多いもの：ラムダ小骨、前顆結節、頭頂切痕骨、翼棘孔
女性に多いもの：前頭縫合、鼓室板裂開、卵円孔棘孔連続、顆管開存

ベリー論文の主張と異なり、このように形態小変異にも性差があることが明らかになったが、性差の解剖学的な解釈はなかなか難しい。女性は額の部分がまるく隆起し、骨が全体として弱々しいので、眼窩上神経

第3章　形態小変異とは

溝や鼓室板裂開、卵円孔棘孔連続が多いのは理解できる。逆に男性は骨が頑丈なので、前顆結節や翼棘孔が多いのも理解できる。しかし、前頭骨や後頭骨、それに頬骨の過剰縫合、ラムダや頭頂切痕の過剰骨、ならびに顆管のような静脈の通る孔に、どうして性差が生じるのかは解剖学的には説明できない。

　毛利氏は、形態小変異の幾つかに性差がみられるので、集団を比較する際に男性と女性を別々に扱っている。筆者もはじめのうちは男性と女性を分けて分析していた。しかし、これには大きな欠陥がある。分析対象になる集団の資料数が少なくなってしまうのである。とくに女性にそれが著しい。形態小変異は出現頻度、すなわちパーセントを用いて分析をおこなわなくてはならないので、頭骨数が100例以上あることが望ましい。少数例にもとづくと出現頻度に偏りが生じる可能性があるので、性差を無視した場合とどちらが大きく結果を歪めるかが問題である。ベリー論文が推奨するように、筆者も1986年の論文から男女を一括して分析することにした（Dodo, 1986a）。このとき初めて形態小変異を用いた縄文人の研究をおこなったのであるが、縄文人資料は、男女を合わせてようやく100例を上回るようになったからである。

　男女を一括しても結果に大きな違いが生じない根拠を、図34に示した。まず22項目の頭骨の形態小変異の出現頻度にもとづいて、モンゴル人、本土日本人、カナダエスキモー（イヌイット）、アラスカエスキモー、アリュート、それに北海道アイヌのすべての組み合わせについて、二通りのスミスの距離を求めた。一つは男性資料のみを用いたスミスの距離、もう一つは男女を一括した場合のスミスの距離。男性と女性の比較にしなかったのは、女性資料が100例に達しなかった集団があったからである。横軸を一括資料のスミスの距離、縦軸を男性のみの資料にもとづいたスミスの距離の目盛りとして、それぞれの集団の組み合わせをプロットすると、各プロットが左下から右上に向かってほぼ直線的に配列することがわかる。ピアソンの相関係数は0.931である。この結果は男女を一括しても、集団間の距離が大きく歪むことはないことを物語っている

91

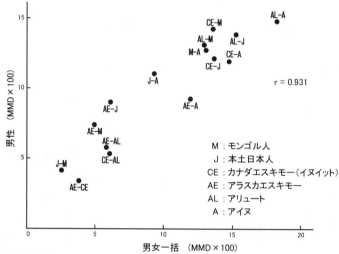

図34. 男性頭骨にもとづいたスミスの距離と男女一括頭骨にもとづいたスミスの距離の相関図

(Dodo and Ishida, 1987)。これ以後現在まで、筆者は男女を一括して分析をおこなっている。

年齢差

筆者は関東・東北現代日本人の成人頭骨を用いて、形態小変異の出現頻度が年齢とともに変化するかどうかを調べてみた。資料は男性頭骨で、年齢が15歳から80歳以上に及ぶ125例、平均年齢は44.8歳であった。それぞれの項目の発現がみられた頭骨の平均年齢を算出したところ、いずれも全個体の平均年齢44.8歳と有意の差は示さなかった (Dodo, 1974)。京都大学の毛利氏も、近畿地方の現代人の成人頭骨男性151例、女性90例を用いて同様な分析をおこなったが、男性において31項目中3項目に有意差を認めたものの、女性には有意差がみられなかった。このことから氏は、年齢による影響は無視してよいであろうと結論している (Mouri, 1976)。この点はベリー夫妻の論文の主張と一致する。

第3章　形態小変異とは

骨過形成的な形態変異が新生児期から青年期にかけて増加する傾向に
あり、逆に骨形成不全的な変異は新生児期から青年期にかけて減少する
傾向にあることが知られているので（Ossenberg, 1969）、未成年個体を混ぜ
たらまずい。しかし、成人頭骨を扱う限り年齢差は考慮しなくてもよい
と思われる。問題は縫合（頭の骨の継ぎ目）に関する変異である。高齢
になると縫合が癒合してしまうので、縫合の変異の“ある・なし”の観
察ができなくなる。したがって、ある比較集団に高齢者がとくに多く含
まれていると困るのであるが、これまでそのような事例に巡り会ったこ
とはない。

左右差・左右の相関

関東・東北現代人頭骨の男女一括資料180例を用いて、両側性に生じ
得る形態小変異19項目の出現頻度の左右差を調べたところ、5％水準で
有意差がみられたものは1項目もなかった。したがって、形態小変異の
左右差に関してはまったく気にする必要はないようである。

問題は左右の相関である。ある変異が右側に出現したとすると、左側
にも出現するかどうかの指標である。形態小変異の発現が左右で高い相
関を示すことをはじめて指摘したのはドイツの人類学者ツァルネツキー
氏（Czarnetzki, 1971）であるが、その後京都大学の毛利氏もそれを追認し
ている（Mouri, 1976）。氏によれば、31項目中、男性では18項目が、女
性では17項目が5％水準で有意な左右の相関を示したという。関東・東
北の現代人頭骨180例の資料を用いて筆者が左右の相関の程度をϕ係数
で求めたところ、相関係数は0.217〜0.612という値が得られた。このよ
うに左右の相関が高いといっても、ある変異が右側にあれば、必ず左側
にもあるというわけではない。そこで形態小変異の出現頻度の集計のや
り方が二つに分かれるのである。

一つは個体別集計（形態小変異が出現した個体数／観察した全個体
数）、もう一つは側別集計（形態小変異が出現した側数／観察した全側数）
である。個体別集計を推奨する研究者（Korey, 1980 ; McGrath et al., 1984）

93

と、それとは逆に側別集計の方がよいと主張する研究者（Green et al., 1979；Ossenberg, 1981）がいるが、両陣営とも難解な統計学や量的遺伝学の理論にもとづいて持論を展開しているので、筆者には理解不能であった。毛利俊雄氏は、1976年の論文においては、左右相関が多くの項目で有意であるので、両側性項目については個体別の頻度による集団比較が望ましいと主張していた。しかし1986年の学位論文からは次のような理由で側別頻度を用いるようになった。

1）縄文人骨などの保存状態の悪い資料に個体頻度を使用すると資料数が極端に減少する。
2）側別頻度では、その項目が両側とも観察可能な場合には各個体あたり左右2回の観察にもとづいて計算されるので、表現型分散のうち特殊環境分散が半減され観測の正確度が高くなる。

　理論的な思考があまり得意でない筆者は、形態小変異に関する最初の論文（Dodo, 1974）を書く際に、個体別集計と側別集計のそれぞれにもとづいて集団間距離を算定してみた。その結果、両者にそれほど大きな違いが認められなかったので、「我々が対象としているのは各側ではなく、あくまでも各個体である」という、かなり直感的な理由で個体（頭骨）単位の出現頻度を求めることにした。しかし今から考えると、これはあまり利口なやり方ではなかったようで、各集団の頭骨総数100例以上を目標に単調な資料調査に明け暮れるはめになった。学会前の資料調査で仕事が終了しない場合は、仮病を使って、自分の発表ばかりか座長までもすっぽかして周囲の悪評を買ってしまった。結局、縄文人・弥生人・古墳人などの古人骨資料が100例を超えるまでに整備されたのは、1990年の論文まで待たねばならなかった。
　ところが2002年になると、今度は北海道の続縄文人の研究が必要になった。続縄文人の頭骨総数は30例しかなかったので、やむなく側単位の出現頻度を使わざるを得なくなった。その後現在まで、東北地方の古

94

第3章　形態小変異とは

墳時代人や樺太アイヌのようにやはり頭骨総数の少ない資料を分析している。側別頻度を使い続けている。発掘古人骨のように不完全な頭骨からも情報を得ることができるのが形態小変異の利点の一つであったのだから、毛利氏のように、はじめから側別集計をしておけばよかったのかもしれない。ただし、当初からこのような事態が生じることも考慮して、論文の末尾には調査した集団それぞれの全項目について、右（＋）左（＋）、右（＋）左（－）、右（－）左（＋）、右（－）左（－）の出現数を一覧表として添付しておいたので、個体別に集計した集団も簡単に側別集計に変換することができた。

項目間の相関

　項目 a が発現すると項目 b も発現する傾向が高くなる場合、項目 a と b の間に正の相関があるといい、逆に a が発現すると b が発現する傾向が減少する場合、項目 a と b の間に負の相関があるという。項目間に相関があると、各項目の出現頻度を用いてスミスの距離（後述）のような単純な多変量解析法をおこなうと集団間距離に歪みが出てしまう。

　筆者が調べた範囲では、眼窩上孔と眼窩上神経溝、アステリオン骨と後頭乳突縫合骨、内側口蓋管と舌下神経管二分、および内側口蓋管と床状突起間骨橋の間には正の相関が認められた（Yamaguchi et al., 1973；Dodo, 1974；Dodo, 1975）。眼窩上孔と眼窩上神経溝は眼窩上神経と深い関連があり、両者に正の相関があることは容易に理解できる。またアステリオン骨と後頭乳突縫合骨は同じ縫合内に生じる過剰骨であり、内側口蓋管と舌下神経管二分・床状突起間骨橋はいずれも骨過形成的特徴であるので、相互に正の相関があることも理解可能である。

　筆者らが使っている 22 項目の形態小変異についてどの程度の項目間相関があるのかは、琉球大学の石田肇氏が調査した。シベリアと東アジアの 18 集団 1835 頭骨を用いて四分相関係数を求めたところ、相関係数は － 0.169 〜 0.379 の数値を示し、その平均値は 0.068 であった。ちなみに現代本土日本人 4 集団 199 例の男性頭骨を用いて、18 項目の計測値相

95

互の相関を求めると、相関係数の平均値が 0.235 で、相関係数の数値は
− 0.292 〜 0.865 となった（Ishida, 1995, 私信；Dodo et al., 1998）。このよう
に計測値に比べると、形態小変異の項目間相関ははるかに小さいことが
わかる。そこで筆者らは、項目間の相関は実質的に無視してよいと仮定
して集団間の距離を求めることにした。

　毛利氏も、31 項目の形態小変異の相関の有無を近畿地方現代人で調
べ、男女一括標本では 5%水準で有意な正の相関が 7 組、負の相関が 8
組あることを明らかにした（Mouri, 1976）。有意差のある組み合わせは筆
者らが報告したものより多いが、それでも氏によると、その数は組み合
わせ全体からみると少数であるという。1986 年の毛利氏の学位論文で
は、項目間の相関を考慮しないで集団間の距離を求めている（毛利、
1986）。この点でも、項目間相関は実質的にないと考えてよいと主張した
ベリー夫妻の論文（Berry and Berry, 1967）が支持された。

3．集団間距離

　集団間の距離を表す数学的方法は幾つかあるが、ここでは筆者が実際
に使ったことがある二つの方法を解説する。両者とも出現率の角変換と
いう、ちょっと煩わしい細工をしなければならない。数学者の増山元三
郎氏によると（増山、1951）、「"ある・なし"のような二項型では、$\sin^2$
$\theta =p$ は n が大きければ正規型に近い分布を示す。$\theta =\sin^{-1}\sqrt{p}$ をフィッ
シャーの逆正弦変換、あるいは単に角変換という。θ の母分散は母出現
率によらず一定で、1/4n となる。ただし n は標本の例数、p は項目の出
現率、角度はラジアンで表す。」とのことである。

　なぜこんな面倒な角変換をしなくてはならないかというと、40%−
35% = 5%と 10% − 5% = 5%は見かけ上は差が 5%で同じであるが、二
項分布の性質からいって、後者の 5%の違いの方が実際は大きいのであ
る。出現率を角変換してみると、40% − 35% = 5%は $\theta_1 - \theta_2 = 0.05$、
10% − 5% = 5%は $\theta_1 - \theta_2 = 0.11$ となり、後者の差の方が前者の差より

２倍ほど大きくなるのである。

　第１の方法は、統計学者の R.A. フィッシャーがネズミの性差を検定するために開発した数式を山口敏氏が、オーストラリア先住民頭骨の形態小変異を研究する際にはじめて集団間の距離の指標として使ったものである（Yamaguchi, 1967）。角度をラジアンで表すと次のような数式になる。

$$MD = \Sigma \left[(\theta_1 - \theta_2)^2 / (1/4n_1 + 1/4n_2) \right]$$

ただし $\theta = \sin^{-1}\sqrt{p}$、n は標本の例数、$\Sigma$ は１から r（項目数）まで加算する。MD は自由度 r の χ^2 分布をする。この方法の利点は MD の有意性の検定を χ^2 で直ちにおこなえることである。欠点は n の大小によって、MD の値が影響を受けることである。

　第２の方法は、ベリー夫妻の論文（Berry and Berry, 1967）で紹介された数学者 C.A.B. スミス氏が開発した数式を、スウェーデンの人類学者ショーボル氏（Sjøvold, 1977）が改良したものであるが、一般にスミスの距離と呼ばれている。その数式は、

$$MMD = 1/r \Sigma \left[(\theta_1 - \theta_2)^2 - (1/n_1 + 1/n_2) \right]$$
$$MMD の分散 = 2/r^2 \Sigma (1/n_1 + 1/n_2)^2$$

ただし $\theta = \sin^{-1}(1\text{-}2p)$、n は標本の例数、r は項目数。MMD が分散の平方根、すなわち標準偏差の２倍を超えたら、5％水準で MMD 有意とする。この方法の利点は n の大小による補正を施していることである。欠点としては出現率の差、すなわち（$\theta_1 - \theta_2$）が小さいと、ときとして MMD がマイナスの値になることである。その場合は出現率に差がないとみなして MMD をゼロに置きかえる。

　筆者は自分自身で調査した 25 集団、300 組の集団の組み合わせについて、スミスの MMD とフィッシャーの MD を計算して、その各々の値をプロットしたグラフを作成してみた。相関係数は 0.936 で両距離の相関は相当高いといってよいが、どうも距離が大きくなるにつれバラツキも大きくなるようである。はじめのうちは筆者もフィッシャーの距離（MD）を使っていたが、数学の得意な人類学者たちから、フィッシャーの MDは有意差検定には適しているが、集団間の距離にはやはりスミスの距離

（MMD）を使うべきであるという批判を受けた。大勢に抗するような理論的な根拠も持ち合わせていなかったので、筆者もそれ以後、原則としてスミスの距離を用いるようになった。

第4章　分析の開始

1．アイヌと東日本現代人

　最初に形態小変異による頭骨の分析をおこなったのは、札幌医科大学に在籍していたときで、北海道アイヌと東日本現代人についてである（Dodo, 1974）。道東北部アイヌ男性75例・女性56例、道南部アイヌ男性31例・女性25例、東北地方現代人男性56例・女性29例、関東地方現代人男性74例・女性21例の成人頭骨を資料とした。北海道アイヌの頭骨は、東京大学と札幌医科大学に保管されていたものを中心に、その他では網走市郷土博物館と釧路市立博物館が保有するものを使わせていただいた。東北地方と関東地方の現代人頭骨はそれぞれ、東北大学と千葉大学の解剖学教室保有の資料である。

　まず、形態小変異23項目の解剖学的な解説と"ある・なし"の判定基準を記述したが、この中には形態小変異として不適切な項目も幾つか含まれており、1990年の論文で確定した22項から除外された項目が5個も含まれていた。次いで形態小変異の性差、年齢差、項目間の相関など一通りの分析をおこなったが、アイヌと東北・関東日本人について明らかになったことは次の二点である。

　第1点は、舌下神経管二分、内側口蓋管、床状突起間骨橋、顎舌骨筋神経管などの骨過形成的特徴はアイヌに多く、逆に鼓室板裂開、眼窩上孔、眼窩上神経溝、ヴェサリウス孔などの骨形成不全的特徴や神経・血管に関連した項目は東北・関東の日本人に多く出現することである。第2点は、形態小変異の出現パターンはアイヌと東北・関東日本人それぞれでかなり安定していることである。すなわち、フィッシャーの距離（MD）を男女別々に計算すると、男女とも道東北と道南アイヌの間、および東北と関東現代人の間の距離は5％水準で有意ではないが、道北部・

道南部のアイヌと東北・関東の現代人の間の距離はいずれも 1％水準で有意であった。

　北海道アイヌと本土日本人の違いについては、頭骨の計測的方法によって古くから指摘されており（詳しくは山口、1978、1981b を参照）、頭骨の形態小変異の研究でもそのことが確かめられたことから、形態小変異も集団間の類縁関係を推定するのにある程度有効なのではないかという感触を得たのが、この 1974 年の論文であった。

2．江戸時代人と現代人

　次に分析をおこなったのは、東京都江東区深川にある雲光院寺院跡から出土した江戸時代人骨であった（Dodo, 1975）。年代は 18 世紀頃と推定されており、関東・東北の現代人（正確には近現代人）より 100 年ほど前に生きていた人々の遺骨である。調査資料は男性 157 例、女性 37 例の頭骨である。1974 年の論文と同じ 23 項目の形態小変異の性差や項目間の相関の分析をおこなった後、フィッシャーの方法で関東・東北現代人との距離を求めたところ、男性 20.32、女性 25.33 という値が得られ、その距離はいずれも 5％ 水準で有意ではなかった。頭骨の計測的な特徴では、江戸時代から現代にかけて格段の違いがあることが報告されていたが（鈴木、1963；Suzuki, 1969）、この点では計測的特徴と形態小変異の出現パターンは大きく食い違っていた。

　近畿地方の現代人頭骨についての形態小変異の出現データは、すでに赤堀英三氏（Akabori, 1933）によって報告されていたので、観察者誤差の少ないと思われる 14 項目を選んで、東北・関東・近畿の現代人、および雲光院の江戸時代人相互の距離を求めたところ、図 35 に示したような結果が得られた。筆者には、地理的にも時代的にも、ごく常識的な集団の配置が示されているように思われた。

　この仕事は国立科学博物館に在職していたときのもので、研究部長であった鈴木尚先生に原稿を見てもらったときに、形態小変異の研究は、

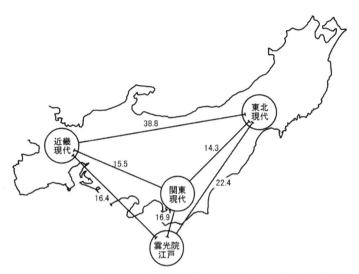

図35. 頭骨の形態小変異にもとづいた雲光院江戸時代人と東北・関東・近畿現代人との形態距離

"日本人の起源論"に関する定説を変えるかもしれないというコメントをいただいた。実際その後の研究で、不遜にも鈴木先生の"小進化説"に都合の悪いデータを次々に出していくことになるのであるが、実は前年の1974年の論文を書いているときから、筆者の精神状態は最悪であった。それは次節で述べるように、アイヌ問題の根深さにひどく打ちのめされていたからである。

3．研究の頓挫

札幌医科大学での人類学会

話は前後するが、第26回日本人類学会日本民族学会連合大会が、1972（昭和47）年8月に札幌医科大学を主催校として開催された。このとき起きた事件のことが、今でも心のどこかに残っている。学会の慣例として、主催校の最も下っ端の研究者＝筆者が第1日目の朝一番に発表をお

こなった。広い講堂に聴衆10人くらいがばらばらと散らばっていただけであった。学会発表は3回目の経験であったが、スライド映写をしながら12分間ひたすら原稿を読み上げて、例年通り何の質問もなくすごすごと自席に戻った。

午前10時すぎ頃から会場に人が集まりだしたが、その中にはアイヌの人たちとアイヌ民族の復権を支援する和人のグループも混じっていた。会場は急ににぎやかになり、発表者に対して「ナンセンス」などといった怒号が飛ぶようになってきた。午後からのシンポジウム「北方圏の人類学と民族学」がはじまると、途中で4～5人の活動家風の人たちが壇上に駆け上がり、マイクを奪い取って大声で何やらアジ演説を始めた。何を言っているのかさっぱり理解できなかったように思うし、どのようにして事態の収束がはかられたのかも記憶に残っていない。筆者も相当動揺していたのであろう。

公開質問状

そのときの顛末が、新谷行氏の著書『アイヌ民族抵抗史』（三一書房、1972）の後記に記されているので、その要約を述べておきたい。シンポジウムの最中に壇上に駆け上がったのは、アイヌ民族である結城庄司氏を代表とするアイヌ解放同盟と、新谷行氏が主宰する北方民族研究所に所属する人たちであった。アジ演説に聞こえたのは、大会参加者全員に対する公開質問状だったのである。

その第1点は、「……本大会のアイヌ問題についての討議は、アイヌ民族は亡びている、或いは亡ぼすべきである、という原則にたって行われているのか。それとも、原始共産制に生きたアイヌ社会は、アメリカ大陸におけるインディオと同じく、現にいま生きており、滅びることを拒否しており、征服者たる日本国家に対決している、という認識に立って行われているのか。」第2点は、「……本大会のすべての参加者諸君。君たちは、和人支配階級の圧迫征服に対決するアイヌ解放の味方なのか。それとも君たちは、日本

第4章　分析の開始

国家のアイヌ滅亡、抹殺作業の総仕上げの担い手なのか。君たちは、この問
いに答えなければならない。」

新谷（1972）

何とも恐ろしい公開質問状であった。今になって答えろと求められれ
ば、「断じてアイヌの滅亡・抹殺の総仕上げをしているわけではない。可
能な限り正確なアイヌの歴史の復元に努めているのだ。正確な基礎知識
にもとづかない感情的なアイヌ復権運動は砂上の楼閣に等しい」と言う
しかないであろう。

さらに新谷氏の著書には個別的な発表に対する批判も記されており、
次の5編の発表テーマがやり玉にあがっている。

・「アイヌの生理的寒冷適応能」　伊藤真次（北海道大）
・「多型性形質よりみた日高アイヌの遺伝的起源」　尾本恵一（東大）
・「アイヌの歯冠形質の集団遺伝学的研究」　埴原和郎（札幌医大）
・「アイヌ頭蓋における非連続形質の研究」　百々幸雄（札幌医大）
・「アイヌ系中学生の体格と皮下脂肪厚」　大香原志勢（立教大学）

新谷氏は言う。「いったい、こういった研究を、私たちは何とよべばよ
いのだろうか。少なくとも現存するアイヌ同胞のためでないことだけは
確かだ。しかも発表内容を聞いていると、アイヌは完全に動物実験的な
研究の客体として取扱われているのだ。」

確かに筆者の研究は、頭骨の非連続形質（形態小変異）が集団間の類
縁関係の推定に適用できるか否かを模索している段階のもので、現存す
るアイヌのためでないばかりか、アイヌを研究の客体としていたことは
事実である。それがやがて、アイヌのルーツや本土日本人のルーツの探
索に役にたつという保証はこの段階ではなかった。断っておくが、筆者
は今年の3月まで、毎日人間の死体を切り刻み、骸骨をなで回す仕事を
して飯を食ってきた。一般の人からみれば忌み嫌われる職業かもしれな

103

いが、それでもこれまでに、およそ4000人の医者の卵を育てる教育の一端を担ってきたというプライドがある。しかも、人間の利益のために、たとえネズミといえども、生きている動物を殺すような動物実験はこれまでに一回もやったことはない。これが筆者の信念である。

　この学会で、アイヌに対して理不尽なことを散々やってきた和人がいかにアイヌに憎まれているか、そしてその憎しみがアイヌ学者にも向けられ、とくにアイヌの墓を暴いて人骨を収集した学者、筆者のようにその骨を使って研究しているものに対して最も厳しい目が向けられていることを知った。何度も修羅場をくぐり抜けてきた老練の人たちは別にして、この学会を契機にして「アイヌは怖い」といってアイヌ研究から遠ざかった人、はじめからアイヌ研究に手を出さないことを決めた人も、何人もいたのではないかと思う。

　この学会の演題数は83題であったが、そのうちアイヌに関したものが10題あった。ところが翌年の京都の学会では、91題中アイヌ関係の発表はわずか3題に減っていた。前述したように、筆者が1974年と1975年の論文を書いているときは完全にノイローゼ状態であった。筆者は3年ほど東京生活を送ったが、東京では部下たちに「アイヌには手を出さない方がよい」と助言する教授もいたし、アイヌをやると「いつねじ込まれるかわからない」という理由でアイヌの研究はやらないという高名な人類学者もおられた。筆者も例外ではなく、1975年の論文を書いたところで一時研究をストップせざるを得なかった。

4. 異 動 歴

　札幌医科大学での研究、国立科学博物館での研究など、行ったり来たりで話が混乱するので、遅ればせながらここで筆者の略歴を紹介しておきたい。

　筆者は、1969年に東北大学医学部を卒業して、その年の12月に札幌

第4章　分析の開始

医科大学の解剖学教室の助手に採用された。前述したように、そのとき
の指導教官は当時助教授をされていた山口敏氏であった。1972年に国立
科学博物館に人類研究室が新設され、山口敏氏が主任研究官として転任
された。室長は東京大学名誉教授の鈴木尚氏であった。山口氏の転出に
ともなって、1973年に筆者も東京に修行に行くことになったが、受け入
れ先がなかったので、東京大学理学部人類学科の大学院に入れてもらっ
た。1974年には人類研究室が部に昇格して第1研究室と第2研究室がで
き、鈴木尚氏が部長と第1研究室の室長を兼務し、山口敏氏が第2研究
室の室長になった。筆者は山口敏氏の計らいで第2研究室の研究官に採
用され、第1研究室の研究官には西アジアの先史学が専門の赤澤威氏が
着任した。赤澤氏は人使いが荒いので有名であったが、後に暗がりの牛
を引きずり出すかのような強引さで、筆者を表舞台に立たせてくださっ
た。

　東京生活が水に合わなかったこととノイローゼが一向によくならなかっ
たので、当時、仕事はあまりはかどらなかった。1976年に、教育熱心で
全国に名をはせていた石井解剖学を学ぶために、東北大学医学部解剖学
第1講座に助手として転出することとなった。国立科学博物館でせっか
くポストを与えてくれたのに大変申し訳ないことをしたが、筆者の後任
には、「一つのテーマに食らいついたら離さない」といわれていた溝口優
司氏が東京大学の大学院から赴任してきた。溝口氏は定年まで科学博物
館に在職し、決して派手さはなかったものの、歯のシャベル状形態や短
頭化現象の解明に大きな貢献をした。今でこそ若手研究者が仕事のやり
やすい研究機関を転々とするのは当たり前になっているが、筆者が若い
頃は3～4年であちこち移動するのは珍しく、問題児扱いされていた。

5．新生児骨の発見

　石井解剖学は評判に違わず非常に厳しく、解剖実習期間中は午前1

時、2 時まで学生の指導をするのが当たり前で、帰宅が午後 10 時前なんてことは 1 日たりともなかった。おかげで人体解剖学の実力が自然と身についたばかりでなく、ノイローゼなんて忘れてしまうほどであった。ただ解剖学実習は通年あるわけではないので、半年は朝から晩まで好きなように研究をさせていただいた。筆者は毎日のように、理学部と医学部の標本類を収蔵していた片平キャンパスの標本館に通い、標本の整理に明け暮れていた。

　東北地方の現代人骨格や古生物学者松本彦七郎博士が収集した東北地方の縄文人骨のような貴重な標本の整理をしているときに、たまたま埃にまみれた半紙大の和紙の袋がたくさん収納されている木箱を見つけ出した。埃を落として袋の中を覗いてみると、真っ白に晒された子どもの骨が入っていた。袋には墨で標本番号、胎齢、性別、受け入れ年月日、それにお産婆さんの名前まで記されていた。9 ヶ月、10 ヶ月の胎児が多かったが、中には胎齢 6 ヶ月、7 ヶ月、8 ヶ月のもの、最高齢は生後 6 ヶ月のものもあり、全部で 200 個体を数えた。死産児や生まれてすぐに亡くなった子どもたちの骨であろう。いったい誰がどんな目的で、このような子どもの骨をたくさん集めたのであろうか。一番に考えられるのは、後に東京大学理学部人類学教室の主任教授になられた長谷部言人博士である。長谷部氏は 1916（大正 5）年から 1937（昭和 12）年まで東北大学の解剖学教室に在籍して、医学部長にまでなった人である。

　そこで長谷部氏の論文を調べてみたところ、1927（昭和 2）年に「石器時代の死産児甕葬」という論文が人類学雑誌に掲載されていた（長谷部、1927）。縄文時代の貝塚発掘の際に、しばしば小児の骨が土器（甕）の中で見つかることがある。この小児の正確な年齢を知るために、新生児骨の標本が必要だったようで、長谷部氏の論文には、「當時比較に用ひた現代日本人の早生兒或いは死産兒骨骼は數體分に過ぎなかったから、爾来この比較材料を蒐集することに力め、今日では十ヶ月以下二十六體の死産児骨骼を有するやうになった」と記載されているので、1937 年までに 200 体にのぼる死産児骨格を集めたのは長谷部氏に間違いないであ

第 4 章　分析の開始

ろう。

　この新生児骨が入っていた和紙の袋は破れる寸前であったので、石井
敏弘教授にお願いして弁当箱よりちょっと大きめの蓋付きの段ボール箱
を買ってもらい、それにすべて移し変えることにした。

新生児骨の形態小変異

　まず袋に入った新生児骨を全部出して新聞紙に広げると、大は 7cm 位
のもの（大腿骨）から、小は小豆ほどのもの（脊椎骨の椎体）まで、1 体
分の骨はおよそ 250 片にものぼった。この中から頭の骨約 30 片を別の小
さな箱に入れるために骨の選別をおこなったが、これがなかなか大変な
作業で 200 個体全部が終了するのに何ヶ月もかかったと思う。残念なが
ら、正確なところは記憶に残っていない。

　余談になるが、こういった単純作業は大事な場面で非常に役に立つこ
とがあるので、決して手を抜いてはいけない。筆者は 1989 年から、国立
科学博物館の先輩研究官であった赤澤威氏のお手伝いで、シリア北部の
トルコ国境に近いデデリエ洞窟でネアンデルタール人骨の発見を目指し
た発掘調査に参加した。1993 年の第 3 次調査のときである。8 月 23 日が
発掘の最終日であったが、その前日、発掘区の中に幅 10cm、深さ 5cm ほ
どの試掘溝を掘った。その日の夕方、その試掘溝の土をフルイにかけて
いた、当時東京大学の大学院学生であった海部陽介氏が「変な骨が出て
きました」と言って長さ 2cm 位の細長い骨を見せてくれた。筆者には、
すぐにそれが子どもの第 1 頸椎（首の一番上の骨）の右半部であること
が分かった。これも 15 年以上前、朝から晩まで新生児骨の整理をしてい
たおかげである。赤澤氏の指示で翌日、すなわち発掘調査の最終日にそ
の試掘溝の周囲を掘り下げたところ、2 歳くらいのネアンデルタール幼児
骨の全身骨格が発見されたのである。世界的にも有名になったデデリエ
1 号ネアンデルタール人骨である（Akazawa et al., 1995）。

　話をもとに戻す。

　カナダの人類学者オッセンバーグ女史は、頭骨の形態小変異は大局的

107

にみると、骨過形成的特徴と骨形成不全的特徴に分類されると主張した（Ossennberg, 1970）。骨過形成的特徴というのは、本来靱帯や軟骨でできている部分が骨に置き換わる変異で、骨形成不全的特徴というのは、胎児期や小児期には普通にみられる特徴が成人になっても残っている変異である。筆者はさらに、神経・血管に関連した変異と縫合の変異を追加している（Dodo, 1974）。

　骨形成不全的特徴と神経・血管に関連した変異が新生児骨にみられるのは不思議ではないが、一般に加齢とともに進行すると考えられている骨過形成的特徴が、新生児期にすでに発現していたのは驚きであった。最初に見つかったのが舌下神経管二分で、その後、頸静脈孔二分、翼棘

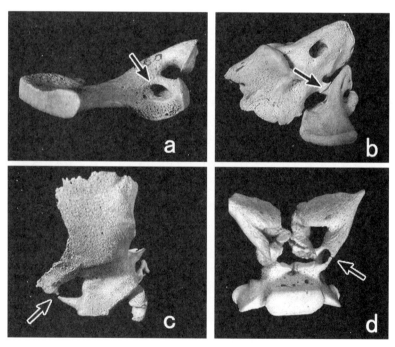

図36. 胎児ないし新生児頭骨に観察された骨過形成的形態小変異（矢印）
　　　（a. 舌下神経管二分、b. 頸静脈孔二分、c. 翼棘孔、d. 床状突起間骨橋）

孔、床状突起間骨橋が次々に新生児骨に観察された（図36）。少なからぬ数の骨過形成的特徴がすでに新生児期に発現しているということは、もちろん母体内環境の影響を無視することはできないが、形態小変異の遺伝的な背景がより重要な意味をもっているのではないかと思われた。形態小変異は、集団間の親疎関係を評価する指標として有望かもしれないという確信が強まったのである。

　新生児頭骨に発現する骨過形成的な変異についての研究論文は大分遅くなってしまったが、1980年に舌下神経管二分（Dodo, 1980）、1986年に頸静脈孔二分（Dodo, 1986b）、そして2013年に翼棘孔と床状突起間骨橋（Kawakubo et al., 2013）を発表することができた。

6．研究の再開

学位論文

　東北大学での3年間は今振り返ってみても一番勉強に専念できた時期であったが、研究テーマに関しては迷いに迷った時期でもあった。石井敏弘教授は、筆者の1974年の論文で博士号を取って講師に昇任することを勧めて下さったが、そのお勧めは丁重にお断りした。というのも1974年の論文の表題は、「近世北海道アイヌと北日本和人における頭蓋の非計測的変異形質について（英文）」というもので、アイヌや縄文人の人類学的研究を一生の研究テーマにしないなら、この論文で博士号を取るのはあまりにも無責任だと考えたからである。そんな折り、札幌医科大学の三橋公平教授から、自分が主宰する教室に講師で戻って来てくれないかという打診を受けた。それは札幌医科大学の助教授が産業医科大学の教授に栄転して、教育スタッフが足りなくなってしまったからである。

　東北大学には、2年後輩ながら筆者よりも先に研究室に入り助手になっていた堀口正治氏が在籍していた。彼の専攻は比較解剖学で、それこそ解剖学の王道を行くものであった。筆者が研究テーマもあいまいなまま在籍し続けていたら、それこそ堀口氏にとっては"目の上のたんこぶ"

になる。そこで、三橋先生からのお話をありがたくお受けして札幌に戻ることにした。ただし、講師で異動するとなると、やはり博士の学位が必要である。そこで初心どおりアイヌの研究を一生やると覚悟をきめて、1978年に札幌医科大学で博士の学位を取らせていただいた。筆者34歳のときである。堀口氏はその後東北大学の助教授になり、次いで岩手医科大学の教授に昇進したが、2002年1月14日、八幡平の源太岳の登山中に雪崩に巻き込まれて遭難死した。道半ばであった。

東日本の縄文人

　筆者は1979年に札幌医科大学に出戻り、発掘調査には積極的に参加したが、相変わらず研究の方は鳴かず飛ばずの状態であった。それもそのはず、ノイローゼが悪化し精神科の病院に1年間も通うはめになった。そのとき処方された薬は今でも飲んでいるが、インターネットで薬の効能を調べてみると、どうもうつ病の薬らしい。そんな筆者を強引に表舞台に引きずり出してくれたのが、国立科学博物館時代の先輩研究官であった赤澤威氏であった。

　1983年にカナダで国際人類学・民族学会議が開催されるので、そのシンポジウムで"アイヌと縄文人の研究成果"を発表せよという半ば命令である。北海道アイヌと関東・東北現代人については形態小変異のデータが揃っていたが、問題は縄文人である。札幌医科大学と東北大学にあった縄文人のデータは取ってあったが、それではとても例数が足りない。そこで国立科学博物館に出張して福島県と千葉県の縄文人骨の調査をさせていただき、何とか男女合わせて100例以上の頭骨をそろえることができた。私にとって、はじめての国際学会である。スライドを映しながら、へたな英語で原稿を読むだけで終わったからなのか、それとも内容がつまらなかったからなのかはわからないが、またもや何の反響もなかった。

　しかしこのシンポジウムの成果は、1986年に赤澤氏らの編集による一冊の本として出版され、筆者の発表も論文としてその本に収録された。

第4章　分析の開始

タイトルは「東日本縄文人頭骨の計測的・非計測的研究（英文）」というものであったが、アイヌと本土日本人や縄文人の親疎関係を論じた論文はほぼ10年ぶりである（Dodo, 1986a）。現在の国公立大学では、教員の雇用は任期制を取っているところがほとんどで、10年もまともな論文が書けなければ当然クビである。その点では、筆者が教員をしていた時代はまだ大らかで、運がよかったといってよいのだろう。

　計測的研究と非計測的研究の結果はほとんど同じだったので、ここでは非計測的（形態小変異）研究の結果の要点だけを述べる。比較した形態小変異は21項目であるが、その中には外耳道骨種や下顎隆起など環境の影響を受けやすいと考えられる項目が含まれており、まだ迷いがみられる。それでも東日本縄文人、北海道アイヌ、本土日本人（関東・東北現代人）の相互関係をスミスの距離によって評価すると、図37に示したような結果が得られた。縄文人とアイヌが近く、両者は本土日本人から遠く離れる。この布置図は明治時代の小金井良精博士の"日本石器時代人・アイヌ説"を支持するものだが、小金井博士自身、日本石器時代人がアイヌそのものであるといっているわけではない。石器時代人、すなわち縄文人は、アイヌの祖先であろうと考えたのである（小金井、1924）。その後の頭骨の計測的研究や歯の計測的・非計測的研究で、北海道アイヌと縄文人が近い関係にあることが確実になったが（代表的な論文は、Howells, 1966；Turner, 1976；Brace and Nagai, 1982；Yamaguchi, 1982）、筆者の結果はそれを追認するものであった。新しい知見が出てきたわけで

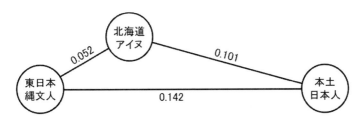

図37. 東日本縄文人、北海道アイヌ、および本土日本人（関東・東北）間のスミスの距離

はなかったが、頭骨の形態小変異も集団間の類縁関係の推定に有効な指標になるのではないか、という確信に近い感触を得ることができた研究であった。

　この論文で自信がついたのか、それとも抗うつ剤が効いたのかはわからないが、1986 ～ 1987 年に 6 編の英文論文を書くことができた。その中では、眼窩上孔と舌下神経管二分の論文（Dodo, 1987）が最も重要であり、これについては後述する。

第5章　弥生人と続縄文人

1．土井ヶ浜弥生人

はじめての科研費

　札幌医科大学では研究費が比較的潤沢であったが、当時は備品費、消耗品費、旅費と費目がきっちりと分けられており、筆者らに一番必要であった旅費の枠がごく限られていた。一人が1回学会に参加したら、それで旅費全額を使い切ってしまう程度の金額しかなかった。したがって、他の研究機関に調査に行くときの旅費はすべて自費という状態であった。

　そんな折り、1986年に、初めて文部省から科学研究費補助金というものを頂いた。筆者が42歳のときである。金額は50万円であったが、共同研究者である助手の石田肇氏と二人で2週間九州大学に出張し、大陸渡来系と考えられていた土井ヶ浜弥生人の頭骨を調べることができた。わずかな額でも科研費がもらえるようになったのは、赤澤威氏に無理矢理引っ張り出された、1983年のカナダの国際学会の発表が少しは評価されたためだったに違いない。

土井ヶ浜弥生人の形態小変異

　九州大学での調査は1986年の夏におこなったが、北海道の人間にとっては九州の暑さは驚異であった。骨の収蔵室にはクーラーがついていたので調査は順調に進んだが、一歩屋外に出ると照り返しが強く頭がくらくらした。宿舎は医学部構内にある大学の施設であったが、日曜日には1日中クーラーを全開にして、石田氏と二人、テレビで高校野球を見てすごした。昼飯を食べに外に出る気力すらおこらなかったのである。夕方になっても涼しくなる気配はなかったが、仕方なく夕飯のときだけは

113

外出することにした。

　また調査期間中、一度だけ研究室の若い先生方に自動車で土井ヶ浜遺跡まで連れて行ってもらったのだが、車のクーラーを全開にして走るのも驚きであった。当時は北海道では、車は夏の間は窓を開けて走るのが普通で、窓を閉めている車は珍しかった。そんなわけで、せっかく土井ヶ浜遺跡を案内してもらったのに、説明は上の空で、早く車に戻ってクーラーの風にあたりたかった。

　土井ヶ浜遺跡は日本海に面した山口県下関市豊北町にある砂丘遺跡で、九州大学医学部解剖学教室の5年にわたる発掘調査で、弥生時代の前期から中期にかけての人骨が大量に発見されたことで有名である。佐賀県の三津永田遺跡の弥生人骨とともに、金関氏の"渡来説"の出発点となった資料である。このほか山口県の日本海に面した、下関市豊浦町にある中ノ浜遺跡からは前期から中期、同じく下関市の大字吉母にある吉母浜遺跡からは中期に属する弥生人骨が少数ながら発見されているので、筆者らはこれらをまとめて土井ヶ浜弥生人として扱うことにした。頭骨資料の構成は、土井ヶ浜男性74例・女性50例・中ノ浜男性15例・女性5例、吉母浜男性5例・女性4例で、男女一括した総数は153例となった。この研究結果は、九州大学の永井昌文教授退官記念論文集『日本民族・文化の生成』（六興出版）に寄稿した（百々・石田、1988）。

　この論文では下顎隆起を含んだ23項目の形態小変異を調べたが、下顎隆起を除けば調査項目は第3章の表6に示した22項目に絞られてきた。土井ヶ浜弥生人、東日本縄文人、それに本土日本人（関東・東北現代人）についてスミスの距離を求めると、図38のような結果が得られた。土井ヶ浜弥生人は本土の現代人に近く、縄文人とはずっと離れてしまう。この結果から判断して筆者らは、日本人の起源に関しては"渡来説"に傾いていったが、在来系である西北九州弥生人が形態小変異ではどういう様相を示すかが問題であることを指摘した。

　この問題は2000年になって、長崎大学の佐伯和信氏らによって解決された（Saiki et al., 2000）。佐伯氏らは、西北九州弥生人頭骨114例につい

第 5 章　弥生人と続縄文人

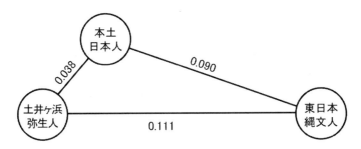

図38. 土井ヶ浜弥生人、本土日本人（関東・東北）、および東日本縄文人相互の
スミスの距離

て、筆者と同じ 22 項目の形態小変異の出現頻度を求め、それを縄文人、北部九州弥生人、それに現代人と比較した。西北九州弥生人は、頭骨の形態的特徴から判断して在地の縄文人の子孫であると考えられていたが、頭骨の形態小変異の上からみても、彼らは縄文人に最も近く、北部九州弥生人・西北九州現代人・本州現代人のグループとは明らかに異なることが明らかになった。佐伯氏らは、西北九州弥生人が古墳時代かその後に大陸渡来形質の影響を受けた結果、現代西北九州日本人になったと考え、"渡来説"を支持した。

前頭縫合の不思議

　新生児では前頭骨は左右一対に分かれており、真ん中に継ぎ目（「縫合」という）がある。この継ぎ目は通常 5〜6 歳には癒合して前頭骨は一つの骨になるが、この継ぎ目が成人になっても残ることがある。これが前頭縫合である。

　土井ヶ浜の論文（百々・石田、1988）では、前頭縫合の出現頻度に大いに困惑していることを述べた。すなわち、この変異の出現頻度だけをみれば、縄文人はアイヌよりも明らかに現代本土日本人に近いのである。百々ほか（2012a,b）、佐伯ほか（Saiki et al., 2000）、毛利（Mouri, 1976）、および百々（Dodo, 1974）から前頭縫合のデータを抜き出してみると、北海

道縄文人 2/49（4.1%）、東北・関東縄文人 24/159（15.1%）、西日本縄文人 7/71（9.9%）となり、本州縄文人は、道南西部アイヌ 3/69（4.3%）、道中央部アイヌ 4/97（4.1%）、道北東部アイヌ 0/78（0.0%）、および西北九州弥生人 2/90（2.2%）より明らかに高頻度であり、東北・関東現代人 16/180（8.9%）や近畿地方現代人 22/241（9.1%）に近い。しかし、本州縄文人がスムーズに本州現代人に移行したかというと、必ずしもそうとはいえない。すなわち、関東・東北古墳人 6/216（2.8%）や関東江戸時代人 10/194（5.2%）は、本州の縄文人と現代人よりもかなり低頻度なのである。

　このように前頭縫合の出現頻度に一定性がないので、土井ヶ浜論文では苦し紛れに、「非常に目につきやすいので、古くから多くの研究者の注目を浴びてきた変異であるにもかかわらず、あるいはまた、遺伝性の強い変異である可能性が高いにもかかわらず、ひょっとすると前頭縫合は、本研究のような population study……集団比較研究……には不適当な形質なのではないかと疑ってみたくもなる」とかなり悲観的な考察をおこなった。

　いまだこの問題は解決していないが、福島県三貫地貝塚人のように 38 頭骨中 13 例（34.2%）にも前頭縫合が出現している場合もあれば（百々、1985）、富山県小竹貝塚縄文人のように 45 頭骨中 2 例（4.4%）にしか出現しない事例もある（坂上和弘、私信）。

　三貫地貝塚人のデータを除いて東北・関東縄文人の出現頻度を求めると 11/121（9.1%）となり、西日本縄文人の出現頻度とほとんど変わりがなくなる。一般に遺伝形質であれば、近親者集団では、ある形質が特異的に発現することがあり得るとのことなので、ひょっとしたら、三貫地貝塚人は比較的狭い地域での婚姻を繰り返していたのかもしれない。いずれにせよ、前頭縫合の出現頻度にみられる時代差・地域差の原因追求は、今後非常に興味ある研究テーマになるのではないかと考えている。

2．重点領域研究

　また赤澤威氏の出番である。赤澤氏は 1989 年に「重点領域研究：先史モンゴロイド集団の拡散と適応戦略」という文部省の大型科学研究費を獲得した。どういうわけか、その科研費の A02 班「拡散集団の起源・系統（自然人類学）」の班長に筆者が指名された。50 万円の科研費で喜んでいた筆者に、1989 ～ 1991 年度まで毎年 2000 万円（最終年度の 1992 年は論文をまとめる年度のために減額されたが、それでも 470 万円）の配分があった。こんな高額なお金をとても一人で使い切れるはずもなかったが、研究分担者 7 名と公募研究 8 題に研究費を分配すると、筆者の手元に毎年およそ 200 万円のお金が残ることになった。筆者の研究には十分すぎる金額であった。この期間にいろいろな大学や博物館を訪問して、頭骨の形態小変異のデータをありったけ収集した。調査に忙しくて仮病を使って学会発表のドタキャンの常習者になり、仲間の不評を買ったのはちょうどこの頃である。この科研費で NEC のパソコン PC-9801 を購入したが、これはディスクドライブが壊れるまで 15 年以上にわたって使い続けた。しかも、そのときに共同研究者であった石田肇氏に手伝ってもらって作成した N88-BASIC 言語で書かれた統計プログラムは、今でも Windows-XP 上で立派に動いている。

　話は脇道にそれるが、この科研費での仕事が始まる前に、筆者は札幌医科大学の解剖学第 2 講座の教授に昇進していた。大した業績もなかったのだが、解剖学の講義・実習ばかりでなく、解剖用遺体の引き取りや保存処置、標本の管理なども引き受けていた筆者を、教授選考委員会の委員長であった解剖学第 1 講座の高橋杏三教授が高く評価して下さったのである。そのときの研究室には、助教授石田肇氏（現在琉球大学教授）、助手大島直行氏（伊達市噴火湾文化研究所長を 2015 年 3 月に退職）がおり、先代の三橋公平教授がおこなっていた噴火湾沿岸の貝塚遺跡の発掘調査も引き継いだ。後で詳しく述べるが、5 年にわたって実施された続縄文時代の有珠モシリ遺跡の発掘調査は、ちょうどこの頃のことであっ

た。この調査の資金は、主として大島直行氏の科学研究費によった。

　赤澤氏の科研費の後、額はそれほど大きくはないが、幸いにも定年まで継続的に科学研究費をもらうことができるようになった。40歳代のはじめまで、学会で何を発表しても何の反響もなかったのはいったい何であったのであろうか。40歳までは土台作りで、それを過ぎてようやく柱が立ったようなものである。スタートが遅かった分、ゴールまでが遠く、定年すぎてもまだ研究を続けている。あまり自慢になることではないが、論文を書くときにはつい最近まで、いちいち師匠である山口敏氏に原稿を見せて、コメントをもらった上で専門誌に投稿していた。

弥生時代以降 2000 年間変わらず

　重点領域の科研費による研究の成果は、次の3編の論文にまとめられている。

1）「頭骨の形態小変異からみた日本の人類史（英文）」（Dodo and Ishida, 1990）
2）「弥生時代以降の本土日本人における頭骨の形態小変異の出現パターン（英文）」（Dodo and Ishida, 1992）
3）「日本の人類史——頭骨の形態小変異からの取り組み（英文）」（Dodo et al., 1992）。

　この論文はシリーズもののようになってしまい、3編を全部読まないと筆者らの研究のすべてがわからない。この時点で形態小変異は、環境の影響が小さいと思われる、表6に示した22項目を用いることに決めた。

　最初の論文を書いているときに驚いたことは、頭骨の形態小変異の出現頻度は、本州では鎌倉時代から現代までの約600年間ほとんど変化していないことであった。主要な頭骨計測値9項目中7項目は明らかに有意な時代変化を示したのに対して、頭骨の形態小変異に5％水準で有意な変化がみられたのは22項目中、眼窩上神経溝と頭頂切痕骨の2項目だ

第5章　弥生人と続縄文人

けであった。歴史学的にみても、鎌倉時代以後現代まで海外から大量の移民があったということは知られていない。そのため、この600年間に頭骨の形態小変異の出現頻度に変化がみられなかったということは、形態小変異の出現パターンは歴史時代の本州日本人の遺伝的な組成をかなり忠実に反映していると考えられた。

　次いで本州の古墳時代、北部九州の大陸渡来系弥生時代人まで遡って調べてみても、5%水準で有意な時代変化がみられたのは、同じく眼窩上神経溝と頭頂切痕骨の2項目だけであった。これが第2編目の論文の結果である。このことは図39に示した、現代本州日本人からの標準化したスミスの距離（スミスの距離／標準偏差）によっても確かめられる。縄文人と弥生人の間に大きなギャップがあるが、弥生時代以降の時代変化はわずかで、少しずつ現代人に近づいてくる。第2編目の論文の結論は次のように述べられている。「これらの結果から判断すると、頭骨の形態小変異の出現パターンは日本本土では、弥生時代から現代までの約2000年間にわたって、基本的には変化していないと考えてよさそうである。また、少なくとも形態小変異の出現パターンからみる限り、弥生、古墳、鎌倉、室町、江戸の各時代、および現代の資料は同一集団から抽出

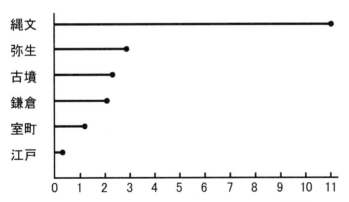

図39. 縄文時代から江戸時代までの諸集団の現代本州日本人からの標準化したスミスの距離
　　（スミスの距離／標準偏差）

した標本とみなして差し支えないと思われるので、北部九州のいわゆる渡来系弥生人は現代本州日本人の直系の先祖集団の一つであった可能性が高い。」

　筆者らが本州の中世人のデータを公表すると、京都大学霊長類研究所の毛利俊雄氏は、愛知県豊橋市の市杵嶋神社遺跡から発見された中世人骨との比較を試みた（Mouri, 1996）。54体の成人頭骨を用い、筆者らの観察項目と一致する12項目でスミスの距離を算出した。驚いたことに、市杵嶋神社の人骨は筆者らの発表した関東地方の中世人との距離がほとんどゼロといってよく、縄文人とは大きく離れていた。形態小変異の出現頻度に古墳時代から現代までわずかながら時代的変化が認められたが、それは縄文人との距離に比べれば微々たるものであった。筆者らの研究結果が、我々とは別の研究者によって追認されたと考えてよいであろう。

土井ヶ浜弥生人と金隈弥生人

　前に述べたように土井ヶ浜弥生人は、山口県の日本海沿岸部の弥生時代遺跡である土井ヶ浜・中ノ浜・吉母浜から出土した人骨の総称である。弥生時代前期から中期にかけてのもので、埋葬様式は土壙墓が圧倒的に多く、それに箱式石棺墓などが混じるという（乗安、2014）。金隈遺跡は福岡市博多区にある弥生時代中期の共同墓地遺跡で、筆者が調べた福岡県と佐賀県の平野部に分布する弥生時代遺跡から得られた人骨の1/3以上が金隈遺跡出土のものなので、北部九州の弥生人の総称を金隈弥生人とした。ほとんどが甕棺墓中にみいだされた人骨である（中橋・永井、1989）。

　1990年の第1編目の論文は、縄文人（関東・東北）171例、土井ヶ浜弥生人153例、古墳時代人（関東・東北）276例、鎌倉時代人（鎌倉市）220例、室町時代人（関東）124例、江戸時代人（雲光院）194例、現代日本人（関東・東北）180例、および北海道アイヌ187例の頭骨について、形態小変異の出現頻度を比較したものである。それぞれの集団間のスミスの距離を算出し、その距離をもとにしてクラスター分析という統

第 5 章　弥生人と続縄文人

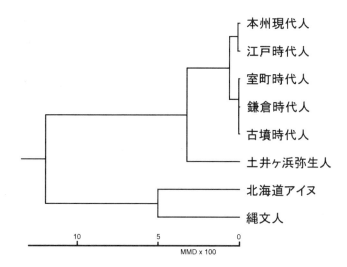

図40. 東本州縄文人、土井ヶ浜弥生人、東本州古墳時代人、鎌倉時代人（関東）、室町時代人（関東）、雲光院江戸時代人（江戸）、北海道アイヌ、および東本州現代人のスミスの距離にもとづいたクラスター分析図

計的手法で集団間の類縁関係を求めたのが図40である。

　ここに示した8集団は大きく二つの群に分かれる。すなわち、縄文・アイヌ群と弥生・古墳・歴史時代日本人群である。縄文人とアイヌが近い関係にあることは、頭骨の計測的特徴や歯の形態的特徴から明らかにされていたことは先に述べたが、頭骨の形態小変異でも同様な結果が得られていた（Dodo, 1986a, 1987；Ossenberg, 1986）。後者の群では、古墳時代から現代までの集団は非常に密接に連なっているので、本州現代人の人類学的特徴は明らかに古墳時代にまでさかのぼると考えてよい。土井ヶ浜弥生人も本州日本人グループと結合するが、やや距離が遠い。この点で、土井ヶ浜弥生人が直接に古墳時代人に移行したと考えるのは危険であり、弥生時代から古墳時代にかけての人類史はもっと複雑な様相を呈したのであろうと考察した。

　この研究結果をみた当時札幌医科大学に在籍していた考古学者の大島直行氏が、北部九州の弥生人はどうなのだろう、という問題提起をして

くれた。そこで、再び九州大学まで調査に出向いて、北部九州（金隈）弥生人 191 例と九州現代人 151 例を調査させていただいた。それに北中国人（旧満州）171 例とモンゴル人（ウランバートル）178 例を加えて、再び同じような分析をおこなった結果をまとめたのが 1992 年の第 3 編目の論文である。

　この研究の途中経過は、1990 年 11 月に東大で開かれた「アジアにおける現生人類の進化と拡散（英文）」という国際シンポジウムで発表した。相変わらずスライドを映写しながらの原稿棒読みの講演であったが、はじめて反響があった。オーストラリア国立大学のカミンガ（Kamminga）氏が立ち上がって、「大変印象に残る発表であった」と言ってくれたのである。この英語はなんとか聞き取れたが、それからがいけなかった。カミンガ氏の発言を皮切りに次々と発言が続いたが、どうも演者に向けて何か質問しているふうでもなく、お互いに外国人同士が議論をしているようであった。「日本のことはよく知らないが……」などという英語が断片的に聞き取れたが、あとはちんぷんかんぷん。会場が静かになったところで「サンキュー」と言って降壇したが、夕方の懇親会のときに、人類遺伝学の大御所であるスタンフォード大学のキャヴァリ・スフォルザ氏（Cavali-Sforza）がわざわざ筆者のところに来て、頭部の CT 画像を用いた家系調査をやりなさいとアドバイスしてくれた。それでようやく筆者の発表のときの議論の内容が理解できた。CT 画像を用いた頭骨の形態小変異の遺伝学的な研究はようやくごく最近になって、琉球大学の石田肇氏と国立遺伝学研究所の斎藤成也氏の手によって開始された。

　論文の内容に戻る。

　縄文人、土井ヶ浜弥生人、金隈弥生人、古墳時代人、鎌倉時代人、室町時代人、江戸時代人、九州現代人、東日本現代人、北海道アイヌ、北中国人、モンゴル人 12 集団のクラスター分析による類縁関係は図 41 のようになる。縄文人・アイヌ群とそれ以外の 10 集団の二群に大きく分かれるのは前の論文と同じである。ところが今度は、土井ヶ浜弥生人と同様に大陸渡来系の弥生人である金隈弥生人（北部九州の弥生人）が、古

第5章　弥生人と続縄文人

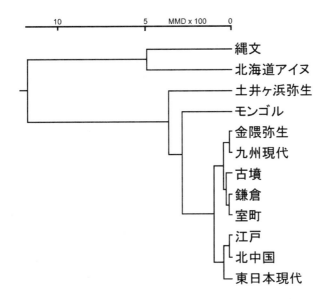

図41. 図40に示した比較集団に金隈弥生人（北部九州）、九州現代人、北中国人（旧満州）、およびモンゴル人を加えた12集団のクラスター分析による類縁関係

墳時代人、歴史時代人、および九州と東日本の現代人と固く結びついている。そして土井ヶ浜弥生人は、これらの集団とモンゴル人よりも遠くで結合している。

このような結果から次のような結論が導かれた。

1）縄文人と古墳時代や歴史時代の日本人とは連続しない。
2）土井ヶ浜弥生人も金隈弥生人も古墳時代や歴史時代の日本人と結びつくが、金隈弥生人の結びつきの方がはるかに強固である。
3）弥生時代に日本国内のさまざまな所で、金隈弥生人のような北部九州弥生人の遺伝的組成が縄文人のそれを凌駕し、弥生時代が終わるまでには現代本土日本人の祖型集団が成立した。
4）縄文人とアイヌに関しては、とくに北日本の縄文人が小進化や周

囲との混血をとおして北海道アイヌに移行したのであろう。

　金隈弥生人のような北部九州平野部の弥生人が、歴史時代や現代の本土日本人の祖型集団になったと考えられたが、ここで同じ大陸渡来系集団である土井ヶ浜弥生人と金隈弥生人の関係を簡単に考察してみよう。北部九州弥生人の方が土井ヶ浜弥生人よりも日本列島の後世の集団に強い遺伝的影響を与えたという所見は、歯の形態小変異や骨のミトコンドリア DNA の分析結果からも得られている（真鍋・六反田、2014；井川ほか、2014）。

　平野部の甕棺墓から出土した金隈弥生人と海浜部の土壙墓から出土した土井ヶ浜弥生人の間に、ある程度の地方差があったことは容易に想像される。土井ヶ浜弥生人の方が金隈弥生人よりも時期が若干古い傾向にあること、さらに山口県の海浜部には大陸渡来形質が浸透しにくかった可能性があることなどを考慮すると、土井ヶ浜弥生人に縄文人的な特徴がより多く残されていることも十分考えられる。長崎大学の真鍋氏ら（2014）は、土井ヶ浜弥生人と金隈弥生人の地方差の原因として、それぞれの原郷の違いを可能性の一つとして考えている。しかし、これらとてまだ仮説の段階であるので、今後なおもっと徹底した分析が必要であろう。地味な仕事かもしれないが、やがて日の目をみる研究ではないかと思われる。地元の若い研究者にぜひ頑張っていただきたい。

縄文人とアイヌの結びつき

　長谷部言人博士の学説（長谷部、1949）を発展させた、東京大学の鈴木尚氏による「日本人の大部分は縄文時代以来連綿と続いた土着の人々であった」との "小進化説" が定説となっていた頃（第 2 次大戦後から 1960 年代にかけて）は、津軽海峡より北の地域が中央学界の話題にのぼることは少なかった。

　この "小進化説" に北海道から一石を投じたのが、当時札幌医科大学にいた山口敏氏の 1963 年の 2 編の論文である。最初の論文は、稚内市宗

第 5 章　弥生人と続縄文人

谷オンコロマナイ遺跡から得られた続縄文時代に属する 5 体の人骨を詳しく観察・計測したもので、「この人骨は、オホーツク文化系人骨とは明らかに異なり、アイヌ的特徴と本州縄文時代人的特徴を合わせもっているが、前者がやや濃厚であり、アイヌの祖型の一部を表すものと考えられる」と結論している（山口、1963a）。2 編目の論文は、さらに江別市の坊主山遺跡から出土した続縄文人骨を加えて、ペンローズの形態距離という簡単な多変量解析法を用いた分析をおこなったもので、結論を次のように述べている。

　これらの表と図は限られた項目に基づくもので、確定的ではなく、またこの結果についてはいろいろの解釈が可能であろう。しかし、少なくとも、オンコロマナイ型が、北陸日本人・ギリヤークのようなモンゴロイド的形態やそれにやや近い八雲アイヌ・樺太アイヌとは異なり、北海道東北部の北見アイヌとともに、吉胡貝塚人やアンドロノボ人のような古代型に類似する、という傾向は読み取ることができる。以上の結果は、いわゆるアイヌ問題の進め方に対して、一つの道標を与えるように思われる。

（山口、1963b）

　ここではじめて、北海道アイヌが、続縄文時代人を介して、本州の縄文人（吉胡貝塚人）と関連することを示唆する見解が表明されたのである。

　その後 1966 年になって、ハーバード大学のハウェルズ氏が、北海道アイヌと本州の縄文人の関係について詳しい研究をおこなった（Howells, 1966）。氏は北海道大学で 112 例のアイヌと 91 例の和人の頭骨の計測をおこない、判別関数という当時としては高度な多変量解析法によって、男女それぞれにつきアイヌと和人の分布範囲を定めた。文献から引用した堀之内・姥山・伊川津・吉胡・津雲・御領といった貝塚出土の縄文人頭骨の 14 項目の計測値にもとづいて、縄文人各個体を分布図にプロットしたところ、ほとんどの縄文人がアイヌの分布範囲内におさまるという

結果が得られた。この結果からハウェルズ氏は、縄文人は全体としてみると、明らかに和人よりもアイヌに似ていると結論した。

　話はそれるが、北海道大学の人骨資料は門外不出で、国内外の研究者のほとんどは東京大学と札幌医科大学に収蔵されているアイヌの骨を調査していた。北海道大学が、一部とはいえハウェルズ氏にアイヌ資料を研究させたのは評価してよいであろう。というのも、ドイツのマルチン法に変わって国際的に標準となりつつあるハウェルズ法で計測したアイヌ頭骨のデータが世界に発信されたからである。

　ハウェルズ氏の論文以後、頭骨・歯・四肢骨の計測的・非計測的研究において、程度の差はあれ、北海道アイヌと縄文人が密接に関連しているという見解が多くの研究者に認められるようになった。1990年までの間、20編近い関連論文が発表されている。それらの研究の集大成ともいってよいものが、国際日本文化研究センターにおられた埴原和郎氏の「日本人集団の二重構造モデル」の総説論文である（Hanihara, 1991；埴原、1994）。

　このモデルを要約すると、

　1）日本列島には北は北海道から南は沖縄までの広い地域に、東南アジア系の縄文人がほぼ1万年にわたって住み続けていた。
　2）紀元前3世紀頃、寒冷適応を遂げた北東アジア系の渡来系弥生人が北部九州を中心に広がり、縄文系集団と共存するようになった。
　3）北東アジア系の渡来は弥生時代から古墳時代まで続き、日本列島における二重構造は弥生時代以上に明瞭になり、東日本（縄文系）と西日本（渡来系）の差がはっきりとしてきた。
　4）古代のエミシやハヤトは文化的にも遺伝的にも縄文系集団の伝統を濃厚に残していたが、大和政権に組み入れられるにしたがって渡来系の影響を受けるようになり、徐々にアイヌまたは沖縄の集団と分離した。
　5）渡来の中心から遠く離れたアイヌと沖縄の集団は、渡来系集団の

影響を受けることがきわめて少ないか、またはほとんどなく、縄文
系集団がそのまま小進化した。
6）現代の日本人および日本文化にみられる地域性は、縄文系の伝統
と渡来系の伝統の接触の程度が異なることによって生じたもので、
この接触の過程は現在も続いており、日本人集団の二重構造性は今
なお解消されていない。

もっと平たく言えば、日本列島ほぼ全域に広がっていた南方的な縄文
人集団の上に北海道と沖縄以外の地域には、北方的な渡来系弥生人集
団が重なっているというモデルである。この論文の別刷りは筆者のもと
にも送られてきた。添付された挨拶状には、「日本人の"二重構造モデ
ル"はまだ仮説以前の未熟な段階にあります。しかしこのあたりで広く
学界のご批判を仰ぎ、攻撃目標にして頂くことによってモデルそのもの
がブラッシュ・アップされることを願い、不備な点は重々承知しながら
もフォーマルな形での公表に踏み切りました。」と記されており、いたっ
て慎重な姿勢がうかがわれた。それにもかかわらず"二重構造モデル"
は、日本列島の人類史を単純明快に説明した点が高く評価されたため
か、専門家のみならず一般にも広く受け入れられて、日本人の起源に関
する論文には必ずといってよいほど頻繁に引用されている。
　筆者らは"二重構造モデル"のようにスケールの大きなシナリオを描
くほどの研究業績をもち合わせていなかったが、1990年と1992年の論文
では、図40と図41に示したように、大陸渡来系の弥生人が古墳時代・
歴史時代・現代の本土日本人に近く、東日本の縄文人は北海道アイヌと
結びつくことを明らかにしていた。ただし、縄文人とアイヌとの間のス
ミスの距離は1％水準で有意であったので、東日本縄文人イコール北海
道アイヌではないことは明らかであった。北海道アイヌが東日本縄文人
の子孫であることを証明するためには、縄文人からアイヌに至る小進化
の過程を明らかにしなくてはならない。前述したように、民族としての
北海道アイヌの最も古い人骨は、日本史でいう中世に位置づけられる室

町・桃山時代の有珠鉄器貝塚人であり、中世以前の擦文時代人骨も北海道アイヌの祖先とみなしてよいという結果が得られていた。そこで次に問題になるのが、北海道の縄文時代と擦文時代の間を埋める続縄文時代に属する人骨である。

3. 続縄文人の研究

続縄文時代

縄文時代に続く紀元前3世紀頃から紀元7世紀頃までの時期を、北海道では続縄文時代という。本州の弥生時代から古墳時代に相当する時期であるが、稲作農耕を取り入れることなく、縄文時代以来の狩猟・漁猟・採集を主たる生業としており、炉を備えた竪穴住居に住み、縄文土器の伝統を引き継いだ縄目のある土器を用いていた。弥生時代に並行する時期を続縄文時代前期、古墳時代に並行する時期を続縄文時代後期と呼ぶが、土器の様相をみると前期は地方色の豊かな時代で、後期になると全道的に斉一性が強くなるという。続縄文時代後期になると、続縄文人は東北地方にまで進出するようになる（藤本、1982；瀬川、2007）。

続縄文時代の人骨は、伊達市有珠善光寺遺跡、豊浦町礼文華貝塚、豊浦町小幌洞窟、室蘭市絵鞆遺跡、江別市坊主山遺跡、宗谷オンコロマナイ貝塚、北見市常呂町栄浦第一遺跡、斜里町ウトロ遺跡などからの出土が知られていたが、筆者らの札幌医科大学チームが伊達市南有珠6遺跡、同7遺跡からも発掘に成功していた。

有珠モシリ遺跡

これまでに発掘されていた数量では分析するのに十分ではなかったので、さらに多くの続縄文人骨を収集すべく遺跡を探していたところ、考古学者の峰山巌氏と大島直行氏が伊達市の有珠湾に浮かぶ小島（有珠モシリ遺跡）から続縄文土器が採集されることを突き止めた。早速札幌医

第5章　弥生人と続縄文人

図42．北海道伊達市有珠モシリ遺跡遠景

科大学チームが試掘調査をおこなったが、設定した三ヶ所の試掘坑のいずれからも、続縄文時代恵山文化期の土器と人骨片が発見された。そこで本格的な発掘調査を1985年から1989年までの5年間継続して実施した。

　第1次調査と第2次調査は三橋公平教授が、第3次から第5次調査までは筆者が調査責任者になり、発掘担当者は全期間を通して大島氏が務めた。調査スタッフは札幌医科大学の教員と学生が主体となったが、全国の大学、研究機関の教員や学生も調査に協力してくれた。現在の日本人類学会の第一線で活躍している研究者の多くが、学生時代に有珠モシリ遺跡の調査に参加しているし、毎年調査に参加しては失敗を繰り返していた京都大学の名物教授も忘れられない。

　遺跡は有珠湾の湾口に位置する面積およそ1万平方メートルの岩礁性の小島に位置し、干潮時には陸続きになるが、満潮時には対岸から約150m離れて孤立する。島の平面形は不整な三角形をなし、最高部は標高6.7m

で全体的に低く平坦である（図42）。遺跡は5000平方メートルに広がると推定されているが、私たちが発掘した地点は島の中央部の比較的高い部分で、調査面積は80平方メートルにすぎない。それでも続縄文時代恵山期の墓19基と縄文晩期の墓2基を発掘することができた。続縄文時代の墓のほとんどは縄文晩期の貝塚を掘り込んで作られていたので、骨の保存状態は概して良好であった。この遺跡の墓の特徴は一次埋葬が少なく、最初に埋葬した墓から骨を取り出して別の場所に再埋葬する改葬がほとんどであったことである（図43）。

　副葬品と考えられる骨角製品や貝製品は豊富で、とくにイモガイ製の腕輪など南海産の貝製品が多いことが注目された（図44）。これらの考古資料は2004年に、一括して国の重要文化財に指定された。人骨は小児骨や部分骨が多かったので、筆者の研究に適した成人骨はそれほど多くはなかったが、それでも保存状態良好な続縄文人頭骨が数体分得られている（図45）。

図43．有珠モシリ遺跡7号墓続縄文時代の改葬人骨
（男女2体が埋葬されている）

第 5 章　弥生人と続縄文人

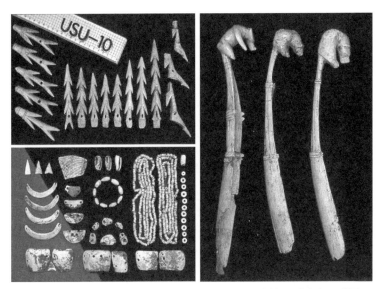

図44．有珠モシリ遺跡で発見された副葬品と考えられる骨角製品と南海産の貝製品
　　　（国の重要文化財に指定されている）

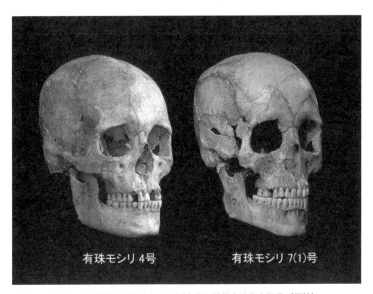

図45．有珠モシリ遺跡から出土したほぼ完全な続縄文時代人頭骨（男性）

当初は考古遺物とともに、それを担った人間の骨も重要文化財に指定されるものと期待していたが、なぜかそれはならなかった。文化庁は考古遺物と人間の遺骨を差別しているのかと、一時不信感を抱いたこともあったが、結果的には人骨が重要文化財に指定されなかったことが幸いした。重要文化財になると、骨の一部でも壊すことができなくなるので、歯根部を試料に用いる DNA 分析もおこなえなくなっていたであろう。

　こんなこともあった。筆者が調査責任者になったときであるから、第３次調査であったと思う。調査中、エンジン付きの小舟で北海道ウタリ協会（2009 年に北海道アイヌ協会に名称変更）伊達支部の人たちが十数人、島に押しかけてきた。「俺たちの先祖の墓を荒らすのではない」と抗議しに来たのである。出土遺物を供覧しながら「あなたたちの祖先かどうかを調べるために発掘調査をしているのです」と丁寧に説明したところ、ようやく納得してくれて、それからは調査にいろいろ協力していただくことになった。大変ありがたかった。後に述べるように、最終的には発掘された人骨はアイヌの祖先であるとみなしてよいことが明らかになり、しかもその人たちが製作した骨角製品や交易で手に入れたと思われる貝製品が国の重要文化財に指定されたのであるから、調査団一同ほっと胸をなで下ろした。これらの考古遺物と人骨は現在、伊達市噴火湾文化研究所に収蔵されている。

４．続縄文人からアイヌへ

　有珠モシリ遺跡の５例を含めて、30 例の続縄文人の頭骨資料がそろったので、形態小変異と計測値を指標にして、続縄文人と縄文人、北海道アイヌ、ならびに日本本土の弥生時代から現代に至る諸集団との比較をおこなってみた（Dodo and Kawakubo, 2002）。

　形態小変異の分析に利用できた続縄文人頭骨は 28 例にすぎなかったので、ここではじめて側別集計による出現頻度の算出をおこなった。比較

第5章 弥生人と続縄文人

に用いた東日本縄文人、北海道アイヌ、土井ヶ浜弥生人、金隈弥生人、古墳時代人、中世鎌倉人、江戸時代人、および本州現代人の資料は1990年と1992年の論文と同じものである。頭骨の形態小変異22項目の出現頻度にもとづいて各集団間に対してスミスの距離を求めて、それをクラスター分析した結果を図46に示した。縄文人・続縄文人・アイヌが1群をなし、本土の弥生時代から現代に至る集団と大きく離れている。前者の群では、続縄文人とアイヌがより密接に結びついている。東日本縄文人から続縄文人を経て北海道アイヌに至る小進化の流れが示唆されているようである。

　このような傾向が頭骨の計測値による分析でも認められるかどうかを確かめるために、保存状態が良好な15例の男性頭骨を用いて、正準判別分析という方法を試みてみた。12～18項目の計測値を指標にして、続縄文人の各個体が東日本縄文人に判別されるか、あるいは北海道アイヌに判別されるか、もしくは本土日本人の母体になったと考えられる大陸系の弥生人に判別されるかを調べたのである。その結果は図47に示した

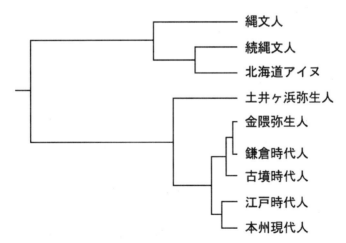

図46. スミスの距離にもとづいたクラスター分析によって描いた、東日本縄文人、北海道続縄文人、北海道アイヌ、土井ヶ浜弥生人、金隈弥生人、東本州古墳時代人、関東鎌倉時代人、雲光院江戸時代人、本州現代人9集団の類縁図

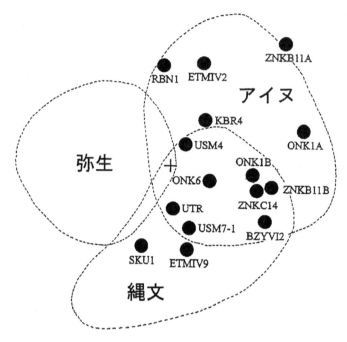

図47. 頭骨計測値12〜18項目を用いた正準判別分析による北海道続縄文人男性
　　　（●）の散布図

が、縄文人に判別されたのが2個体、アイヌに判別されたのが5個体、縄文人とアイヌの分布が重なり合う領域に判別されたのが8個体であり、弥生人に判別された個体は皆無であった。したがって計測値からみても、続縄文人は東日本縄文人から北海道アイヌへ向かう途上にあった人たちであることが強く示唆された。

　続縄文人が縄文人的特徴とアイヌ的特徴を合わせもっていることは、すでに個別的な事例で知られていたが（山口、1963a, 1963b, 1984, 1985b；大場ほか、1978；Dodo, 1983；三橋ほか、1984）、現存する続縄文時代人骨のすべてを用いた分析は、筆者らの研究がはじめてである。カナダの人類学者オッセンバーグ女史も、筆者らの項目とは異なる形態小変異を用い

第 5 章　弥生人と続縄文人

て、続縄文人が縄文人と北海道アイヌの中間に位置することを明らかにした（Ossenberg et al., 2006）。女史らはさらに、北海道南東部、北東部、西部のアイヌに地域差がみられ、本土の日本人の中では、東北北部の江戸時代人がアイヌに最も近いという結果を示している。

　これらの研究結果から筆者らは、北海道の人類史は、**東日本縄文人→続縄文人→擦文人→北海道アイヌ**という、単純な小進化モデルで説明できると主張した。しかしその後、アイヌの成り立ちは実際にはもっと複雑であることが判明したので、若干の修正を余儀なくされることになった。修正論文については後で述べることにする。

第6章　アイヌと琉球人

1．琉球諸島

　かつての琉球王国の領土であった奄美諸島・沖縄諸島・先島諸島を、ここでは琉球諸島と総称し、そこに居住している人たちを琉球人と呼ぶことにする。宮古島で人骨の調査をしていたときに、地元の人が「沖縄の人は……」と言うのを何回も耳にした。話をよく聞いてみると、宮古島の人にとって"沖縄の人"というのは、沖縄本島の那覇周辺の人たちを指す言葉のようである。自分たちは"宮古の人"なのである。沖縄を代表する国立大学が琉球大学であり、英語名では University of the Ryukyus というのもこの辺に理由があるらしい。"琉球諸島の大学"という意味であろう。

共同研究
　筆者らは「南西諸島人骨骼の人類学的再検討」というテーマで、1993年から1997年までの5年間、琉球諸島の近世人骨の計測的・非計測的研究を実施した。琉球大学との共同研究で、班員は当時東北大学に在籍していた近藤修氏、琉球大学の土肥直美氏、それに筆者（1994年に札幌医科大学から東北大学に異動）の3名である。
　この研究の目的を、科学研究費補助金の研究成果報告書からそのまま引用する。

　　ベルツ（1911）が琉球・アイヌ同系説を提唱以来、多くの人類学者がこの問題に関心をよせてきた。昭和初期から戦前までの生体に関する調査を総括した須田（1950）が、「琉球人は日本人以外のものではない」と結論したことによって問題は決着したかにみえたが、昭和46年から3年間にわたって実施

された九学会連合の沖縄調査の結果（埴原、尾本ら、1976）から、沖縄人の歯の形質と血液の遺伝標識に多少なりともアイヌと共通する特徴がみられることが明らかになり、再び琉球・アイヌ同系説がクローズ・アップされることになった。近年では、埴原和郎氏（Hanihara, 1991）が提唱する日本列島人の二重構造モデルに象徴されるように、アイヌと琉球人は日本列島の基層をなすもので、互いに近縁であるという見解がほぼ定説化した感がある。

　研究代表者は、文部省科学研究費補助金重点領域研究「先史モンゴロイド」の研究の一環として、約200例の奄美・沖縄人頭蓋の非計測的特徴を調査し、その出現頻度を他の日本列島諸集団と比較したのであるが、その結果は予想とは大きく異なり、奄美・沖縄人はアイヌより本土日本人に近いというものであった。

　そこで「琉球・アイヌ同系説は本当に成立するのか？」という観点から南西諸島人問題を形質人類学的に再検討する必要に迫られたわけであるが、本研究では、奄美諸島、沖縄本島、先島諸島に焦点を合わせ、当該地域の人骨を、頭蓋と四肢骨の両面から、しかも顔面平坦度計測等の新しい計測法も含めて総合的に評価することを企画した。

（百々、1995b）

　いざ調査を始めてみると、頭骨と四肢骨の個体識別がきわめて困難であることがわかり、四肢骨の研究は断念したが、頭骨だけでもその出土地域は、奄美諸島では奄美大島・喜界島・予路島・徳之島・沖永良部島・与論島、沖縄諸島では沖縄本島・久米島、先島諸島では宮古島・石垣島・西表島・波照間島・与那国島の各島に及んでいる。これらの人骨の帰属年代はすべて近世と考えられており、多くは国内の研究機関に収蔵されていたが、沖縄本島の南城市玉城所在の玉泉洞風葬墓と宮古島島尻地区の長墓風葬墓は現地調査をおこなった。

　頭骨の形態小変異についての研究成果は1998年（Dodo et al., 1998）、顔面平坦度計測については2000年（Dodo et al., 2000）に論文として公表したが、頭骨の計測結果は学会報告（Doi et al., 1997）だけに終わり、まだ論

第6章 アイヌと琉球人

文として発表していない。

形態小変異による分析

1998年に書かれた論文であるが（Dodo et al., 1998）、頭骨資料は奄美諸島が146例、沖縄諸島が131例、先島諸島が158例用いられている。比較資料も含めて資料数が100例を越えていたので、頭骨単位で出現頻度を算出した。まず、奄美、沖縄、先島相互間のスミスの距離を求めたところ、距離は5%水準で有意ではなかったので、これらを一括して琉球集団とした。いろいろな分析をおこなってみたが、ここでは近隣結合法という方法で描いた7集団の類縁図を示しておく（図48）。

近隣結合法というのは遺伝的距離から系統図を作成する方法で、国立遺伝学研究所の斎藤成也氏とペンシルバニア州立大学の根井正利氏が1987年に開発した（Saitou and Nei, 1987）。優れた方法のようで、世界中

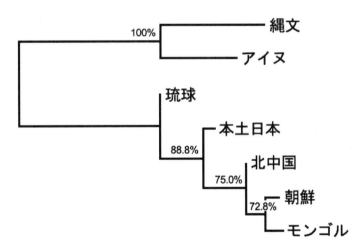

図48. スミスの距離に適用した近隣結合法で描いた、東日本縄文人、北海道アイヌ、琉球人、本土日本人、北中国人（旧満州）、朝鮮人、およびモンゴル人7集団の類縁図
（樹状図の各分岐線上に書かれた数字はブートストラップ検定によって算出された集団間の結合確率）

で広く使われており、これまでに3万5000件以上の論文に引用されている。もちろん筆者にはこんな難しい算法をおこなうことはできないので、若くて数学のできる近藤修氏に作図してもらった。

　この図をみると、縄文人とアイヌが1群をなし、琉球人・本土日本人・北中国人・朝鮮人・モンゴル人がもう1群をなすというように、大きく2群に分かれることが明らかである。この結果から筆者らは、琉球人はアイヌから遠く本土日本人に近いので、アイヌ・琉球同系説は成立しないと考えた。百々幸雄・土肥直美・近藤修の連名論文であったが、近藤修氏には多少のためらいがあったようで、タイトルの「アイヌ・琉球同系説を否定する（refute）」の「refute」という英語を、もっと弱い否定を表現すると思われる「dispute」に変えた。英語圏の研究者がどのように解釈してくれたかはわからないが、とにかく同系説をやんわりと否定したことには間違いない。他の分析結果でも琉球集団は、縄文・アイヌ群とは大きく離れ、本土日本人集団とともに東アジア集団に埋もれてしまうので、アイヌ・琉球同系説は成立しないと結論した。

　しかし、今になって近隣結合法によって描かれた図48を見直してみると、樹状図の各分岐線のところに結合確率が示されており、縄文人とアイヌが100％の確率で結合するのは明白であるが、縄文人・アイヌ・琉球人も88.8％の確率で結合するのである。したがってこの結果だけから判断すると、琉球人はアイヌと本土日本人のほぼ中間に位置するとみなすのが妥当なようである。アイヌ・琉球同系説を肯定"する・しない"の問題は、後で議論することにする。

顔面平坦度計測による分析

　頭骨の計測で、顔面の平坦度、あるいは立体度を表す方法にはあまりよいものがなかったが、国立科学博物館の山口敏氏が、ノギスの計測値をもとに、三角関数を使って計算する簡便な方法を開発した（Yamaguchi, 1973）。この方法を用いて、琉球人頭骨の上顔部、鼻骨、および中顔部の横方向の平坦度を分析したのが2000年の論文である（Dodo et al., 2000）。

第 6 章　アイヌと琉球人

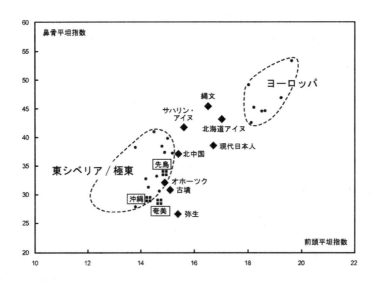

図49. 鼻骨平坦示数と前頭平坦示数を指標にした、奄美諸島人・沖縄諸島人・先島諸島人の位置（男性）

　資料は、奄美諸島では男性 44 例、女性 35 例、沖縄諸島では男性 55 例、女性 67 例、先島諸島では男性 64 例、女性 31 例の頭骨が用いられた。
　ベルツが 1899 年に琉球出身の兵士たちを観察して、彼らの眼から鼻にかけての部分が立体的であることを記載してから（Baelz, 1911）、沖縄人は彫りの深い顔立ちをしていると一般に信じられてきた。少なくとも筆者らはそう思っていた。ところが、いざ頭骨の顔面平坦度を計測してみると、結果は予想外であった。琉球人の顔面骨はきわめて平坦であったのである。男性も女性もほとんど同じ結果が得られたので、図 49 に男性の上顔部（前頭平坦示数）と鼻骨（鼻骨平坦示数）の平坦度を示してみた。
　ヨーロッパ人の顔面骨は立体的であるので図の右上に位置し、逆に顔面骨が平坦な東シベリア・ロシア極東の人たちが図の左下に位置している。その中間に、縄文人、北海道アイヌ、サハリン（樺太）アイヌ、現代本土日本人がプロットされている。本土日本人は弥生時代・古墳時代

から現代にかけて著しく顔面が立体化しているが、このことはすでに佐賀大学の川久保善智氏が報告している（Kawakubo, 2007）。奄美、沖縄、先島といった琉球諸島人はいずれも顔面骨が平坦で、弥生時代人、古墳時代人、オホーツク人とともに北東アジア集団の分布範囲に近づいている。これら琉球諸島人と北海道アイヌの生存年代はどちらも近世（江戸時代）であるから、両者の違いを時代差と捉えることはできない。北海道アイヌの顔面骨は琉球諸島人の顔面骨よりはるかに立体的なのである。この結果からみても、アイヌ・琉球同系説は否定された。

　しかし、3次元スキャナーを用いて現在の沖縄人と本土日本人の顔面形状の画像を詳細に分析した、琉球大学の宮里絵理氏らの論文によると（Miyazato et al., 2014）、沖縄人の眼は落ちくぼんでいるので、内眼角（目がしら）と鼻根の段差が大きく、眼から鼻にかけての部分が立体的であるという。このことは前述したように、ベルツ（1911）の観察結果と一致している。このように鼻根部の立体度に関しては、骨と生体では大きく食い違っているようである。その理由の解明は今後の課題である。

　筆者らの"アイヌ・琉球同系説は成立しない"という論文は、学界ですんなり受け入れられたわけではなく、今でも賛否両論があるので、以下にその要点を述べてみたい。

2．アイヌ・琉球同系説

ベルツ

　ベルツは1876（明治9）年から20年以上にわたって、東京医学校・東京大学医学部で学生に教鞭を取ったドイツ人医師であるが、1911年におこなった講演要旨がドイツ人類学・民族学・先史学会通信に「琉球島民、アイヌ、および他の東アジアにおけるコーカシアン類似の人類の遺残（独文）」と題して公表されている。その一部を和訳すると次のようになる。

第6章　アイヌと琉球人

1899 年に、南駐屯地に琉球出身の新兵たちが雇われていることを聞き知り、彼らを人類学的に調査することを軍当局から快く許可された。琉球人の全体的印象はモンゴリアタイプであり、短い脚、ずんぐりした体格、短い首、幅広い顔などがそれである。しかし、モンゴリアタイプとの著しい違いもあり、それは眼の特徴と多毛な点である。彼らの眼はたいてい水平で、発達するまゆ毛のすぐ下にあり、まゆ毛より深く窪んでいる。だが、とりわけ目を引くのは彼らが多毛なことである。脚の毛が濃いのは琉球では 30％であるのに、東京では 1％しかない。これらの特徴はコーカソイド系のアイヌの血を引くからである。琉球新兵の身長は日本人よりもいくらか小さく、アイヌとほぼ同じであり、琉球人とアイヌはこのような特性以外に、ずんぐりした屈強な体型でも大部分共通している。

　したがって、日本の歴史の成りゆきは次のようであったといえるであろう。もともと日本全土がコーカソイドタイプのアイヌの手中にあった。紀元前 10 世紀の半ばころに、異質なモンゴル人種に属する侵略者が南日本に上陸し、その後、北に進出して日本の中央に朝廷を創設した。彼らは時間の経過とともに、原住民をいたる所で撃退した。ついに今日、原住民の存在は、純粋なかたちでは最も北にかろうじて、混合したかたちでは最も南にかなりの数がみられる。

（Baelz, 1911）

3.　肯　定　派

二重構造モデル

　このようなベルツの提言は、いつしか「アイヌ・琉球同系説」と呼ばれるようになり、一般に定着していった。この同系説を肯定する筆頭にあげられるのが、埴原和郎氏の「日本列島人の二重構造モデル」である（Hanihara, 1991 ; 埴原、1994）。このモデルは、前述したように日本列島には東南アジア系の縄文人が広く分布していたが、弥生時代になると、北アジア系の大陸渡来人が西日本に移住し、徐々に勢力を拡大していき、

143

渡来の中心地から遠い北海道と沖縄には縄文系の人々が残ったというものである。氏はこの論文の中で言う。「須田昭義（1950）は現代の沖縄および本土集団の広範なデータを再検討し、沖縄集団は日本人の一地方型であることを明らかにした。その後、埴原と共同研究者（埴原和郎ら、1975b）は歯冠形質の比較に基づいて、沖縄とアイヌ集団の高い類似性を指摘した。」

　しかし、埴原氏がこのような言説に至るまでには相当な紆余曲折があった。埴原氏らが沖縄人の歯の特徴に関する論文を書いたのは1974年が最初であったが、その中で埴原氏らは、「従来沖縄島民の近親性については、アイヌに近いとする見方と、本州住民の地方型であるとする説があった。この研究では、上述の通り、沖縄島民とアイヌとが比較的近い位置にあることが確かめられたが、このことから直ちに、両者が共通の起源をもつと結論することはできない。なぜなら、沖縄島民はアイヌと同じ程度に本州住民にも似ており、また一方では、歯冠形質に関して、アイヌとの共通性を積極的に証明する特徴が見あたらないからである。したがって両者の類似性は、共通の起源というよりも、むしろ集団の形成過程における、環境の類似性に起因するように思われる。」と述べている（Hanihara et al., 1974）。

　また九学会連合の沖縄調査の報告書には、埴原氏の次のような記載がみられる。

　　かつてベルツ（1911）は、沖縄人の形質の一部がアイヌによく似ている点を指摘し、この両集団が同じ系統に由来し、本州人とはことなるものと考えた。しかしその後須田（1950）らによって、沖縄人は日本人の一地方型であることが主張され、この見解は現在も支持されている。さて今回調査した歯冠形質の分析結果からみると、まずベルツの説はやはり否定されるべきであろう。すでに述べたように、歯の形質の中にはアイヌによりよく似ている点があるとはいえ、やはり本州人にきわめて近い点も多く、沖縄人が本州人と系統をことにする集団とは考えられない。生物学的距離によって検討しても、

144

第6章　アイヌと琉球人

沖縄人と本州人との距離は統計学的に有意ではなく、したがって須田の見解
は妥当であると思われる。

(埴原、1976)

　学問といえども人間がやること、したがって、このように同じ結果が
得られているにもかかわらず、それを解釈する際には 180 度違った結論
に達する場合もある。何よりも学会の大御所になられた埴原和郎氏でも
若い頃は、先輩の須田昭義氏の学説に相当遠慮していた形跡がうかがえ
る。

遺伝学的研究

　それと同じことが人類遺伝学の第一人者である東京大学名誉教授の尾
本惠市氏にもいえる。九学会連合の沖縄調査報告書では、「比較的まれ
で、しかも分布の限られた変異型遺伝子である Rh 式血液型 r”(cdE) や
血清トランスフェリンの Dchi 型はアイヌと琉球人に共通にみられるが、
これらのほかにはとくにアイヌと琉球集団との近縁関係を示唆する遺伝
子は発見されず、15 種類の血液遺伝標識を用いた遺伝的距離やクラス
ター分析の結果と総合すれば、アイヌと琉球集団に特別な近縁関係は存
在しない」と結論している (尾本、1976)。

　その後 1997 年に尾本氏は、国立遺伝学研究所の斎藤成也氏と共著の
論文を書いて、アイヌ・琉球同系説を支持する方向に転じている (Omoto
and Saitou, 1997)。この論文は問題設定を二つに分けて議論している。

　1) 縄文人になった日本の後期旧石器時代人は本当に東南アジア起源
　　であるのか。
　2) アイヌと琉球人は縄文人の直系の祖先で、本土日本人は弥生時代
　　以降の北東アジアからの渡来民を母体にしているのか。

という二つの設問である。

145

20〜25の古典的遺伝標識を用いた遺伝的距離によって分析したところ、縄文人になった後期旧石器時代人は北東アジア起源であり、この点では埴原の"二重構造モデル"とは異なる。しかし、アイヌと琉球人に関しては、アイヌ／琉球人と本土日本人／朝鮮人というグループ分けができるので、これは"二重構造モデル"に合致する。アイヌと琉球人に関してつけ加えると、琉球人は遺伝的距離からみると、アイヌや朝鮮人よりも本土日本人にずっと近いのであるが、近隣結合法で系統樹を描くとアイヌと琉球人が85％の確率で最初に結びつくので、この結果がアイヌと琉球人が縄文人の直接の子孫であることを物語っているというのである。実際の遺伝的距離よりも系統樹の結合パターンを重視する考え方である。

また、ミトコンドリア DNA のハプログループ M7a と N9b の出現頻度は沖縄と北海道アイヌで高く、日本本土で低いという報告もあり（篠田、2007；篠田・安達、2010）、さらに、Y 染色体のハプログループ D も本州・四国・九州の日本人が低頻度で、北のアイヌと南の琉球人が高頻度となり、日本列島全体としてみると U 字形の分布をするという論文もある（Hammer et al., 2006）。これらはいずれも、アイヌ・琉球同系説に有利な研究結果である。

さらに 2012 年には、アイヌ・琉球同系説を決定づけるかと思われる論文が、国立遺伝学研究所の斎藤成也氏を中心とする日本列島人類遺伝学共同研究体の手によって発表された（Japanese Archipelago Human Genetics Consortium, 2012）。北海道アイヌ 36 人、琉球人 38 人、本土日本人 200 人分の血液試料を用いて、64 万ヶ所以上の単一塩基多型（SNP）を調べるといった壮大な研究である。個人別と集団別に分析した結果が報告されているが、個人別の分析では、アイヌにより近いのは、本土の日本人よりも地理的距離が離れている琉球人である。集団別の分析の場合、近隣結合法を用いて系統樹を描くと図 50 に示したように、アイヌと琉球人が 100％の確率で結合し、次いで本土日本人がアイヌ・琉球人に結びつき、本土日本人は 100％の確率で朝鮮人と結合する。基本的には 1997 年の尾

第6章　アイヌと琉球人

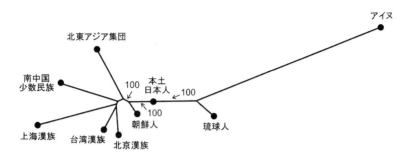

図50. 64万ヶ所以上の単一塩基多型（SNP）にもとづいた近隣結合法による系統樹
（線上に書かれた数字はブートストラップ検定から導かれた集団間の結合確率）

本・斎藤の論文（Omoto and Saitou, 1997）に描かれている系統樹と同じであるが、アイヌと琉球人の結合の確率が85％から100％に上昇している。

これらの結果から斎藤氏らは、100年以上前に提唱されたベルツのアイヌ・琉球同系説を支持している。しかし、個体別分析における主成分分析図をみると琉球人と本土日本人はほとんど隣り合っているし、集団別分析の系統樹（図50）をみても距離の上では琉球人と本土日本人が近く、アイヌが飛び離れている。やはり人類遺伝学では1997年の尾本・斎藤の論文と同様に、遺伝的距離よりも、アイヌと琉球人が100％の確率で結合するという系統樹を重くみるのであろう。

生体的特徴では、指紋の三叉示数、手掌紋のD線と呼ばれる線の走り方、分離型耳たぶ、二重まぶた、湿型耳あかなどの出現頻度に、アイヌと沖縄集団に類似性がみられるといわれているが、このような特徴については、山口敏氏が『日本人の生い立ち』（みすず書房、1999）で詳しく解説している。

4. 否 定 派

骨と生体計測

　筆者の知る限り、アイヌ・琉球同系説をきっぱりと否定したのは、金関丈夫氏門下の国立台湾大学の許鴻樑氏が最初ではないかと思われる（許、1948）。氏ははじめて多数の琉球人頭骨（沖縄列島各地より発掘収集された 80 有余体の墳墓骨）を詳しく計測して、周辺集団の頭骨と比較した。琉球人の頭骨は本土日本人に比べて顔高や鼻高が低いといった特徴があり、男性頭骨について平均関係偏差（Rm）を求めてみると、台湾平埔族や客家系台湾人に近く、本土日本人とは比較的遠く、北海道アイヌとは最も遠いという結果が得られた。このことから許氏は、「これを要するに琉球人男性頭骨の比較の結果は、本群がインドネシアおよび華南の客家のごとき南方種に比較的近く、アイヌ、北陸日本人のごとき北方種には比較的遠い関係のあることを示すものである。この結果は、琉球人を多毛等の関係より漠然とアイヌに近い種族のごとくに考えてきた、従来の通俗的見解を明快に駁してあまりないものと言えるであろう。」と結論している。

　しかし現在の統計学からみると、平均関係偏差という統計量にはかなり問題があるようで、筆者が許氏のデータ 15 項目を用いてペンローズの距離を計算してみたところ、琉球人は福建系台湾人や平埔系台湾人からは遠く、北海道アイヌにやや近く、本土日本人に最も近いという結果が得られている。

　許氏の前に京都大学の三宅宗悦氏もアイヌ・琉球同系説を批判している（三宅、1940）。三宅氏は日本各地の生体計測データを比較した上で、南島のごとく、また山間僻地のごとく、地理的に他地方との混血少なく、濃度の血族結婚の続いてきた地域の住民に古代人の体質的特徴が多少とも残っていることを指摘し、これを日本古式体質と呼んだ。三宅氏のいう古式体質とは、低身であること、頭最大長の長いこと、頭高のやや低いこと、眉間隆起の発育の強いこと、眼窩のやや窪んでいること、

多毛であること、腋臭の出現頻度の多いこと、モーコひだの出現頻度の少ないことなどである。不思議なことに、日本古式体質をもつ人たちの中にアイヌは含まれてなく、それにもかかわらず、アイヌと琉球人が近いというのは誤りであると説いている。これは師匠である清野謙次氏が、日本石器時代人はアイヌの祖先ではないと結論したことに、大きな影響を受けていた結果ではないかと思われる。

　1950年になると東京大学の須田昭義氏が、それまでの琉球人に関する論文を集大成した。多毛、腋臭の存在、耳あかの柔らかいことなどは、あるいは日本人の変異の範囲外に出るかもしれないが、総合的にみると琉球人は日本人全般の変異幅内に大体存在するものであって、最南端に分布する日本人と認めて差し支えない、つまり「琉球人は日本人以外のものではない」と結論している（須田、1950）。この論文で琉球問題は決着したかにみえたが、1970年代になると、再びアイヌ・琉球同系説が復活し始めたことは先に述べた。

池田・多賀谷の研究

　九学会連合による沖縄調査とは別に、独自に沖縄調査をおこなった京都大学の池田次郎氏は、長野県立看護大学の多賀谷昭氏と共著で、琉球諸島人を北海道アイヌも含む周辺地域集団と比較した論文を2編発表した。両論文ともアイヌ・琉球同系説を肯定するとも否定するとも捉えられるが、池田氏は自著（池田、1998）の中で否定する研究と述べているので、ここでも否定派として紹介することにする。

　最初の論文は、琉球諸島人男性頭骨179例を西日本、東日本、北海道（アイヌ）、朝鮮半島、中国、東南アジアなどの周辺地域集団と多変量解析法を用いて比較したもので、琉球人からみると本土日本人が最も近く、逆に北海道アイヌからみると最も近い集団は琉球人である、すなわち琉球人はアイヌと本土日本人の中間に位置するという結果を得ている。結論としては、琉球諸島人は日本人の一地方型とみなし得るが、ボルネオのダヤク族や海南島人、および台湾のアタヤル族といった南方集団と北

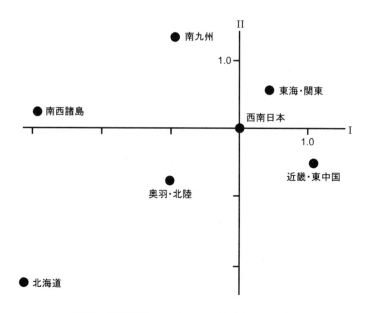

図51. 生体計測値にみられる日本列島現代人の地域性
（判別関数による）

海道アイヌにも比較的近いと述べている（Tagaya and Ikeda, 1976）。

　二番目の論文は、1950年頃からの約10年間に測定された生体計測データ男性706例、女性609例を用いて、多重判別分析とマハラノビスの距離という多変量解析法で日本列島人の地域性を調べたものである（池田・多賀谷、1980）。計測項目は計測者間誤差が少なく、しかも体部・頭顔部の形状を表す6項目（身長・肩峰幅・頭長・頭幅・頬骨弓幅・形態顔面高）を用いたが、研究内容は次のように要約される。

1）多重判別分析で段階的に集団間の比較をおこなうと、日本列島人は、北海道（アイヌ）、本州・四国・九州、および琉球諸島の3地域集団に区分される。
2）琉球集団は顔面高が小さく、北海道アイヌは頭長が大きいので、

顔面高の頭長に対する比が関与する判別関数では、琉球人とアイヌ
は近い関係を示すが、全体としては両者の集団間距離はかなり大き
い。

3）北海道アイヌの特異性は大きな肩幅と頭長に認められるのであ
り、比肩峰幅と顔面高の頭長比が関与する第1判別関数（図51の横
軸）において、アイヌが琉球諸島人とともに本土集団から孤立した
位置に置かれる。

　この結果を多賀谷（1995）は、日本列島住民の身体的特徴は連続的な
地域的変異を示し、中央部の住民が華奢ですらりとしているのに対し
て、南北両端地域の住民はがっしりしていると解釈している。これはア
イヌ・琉球同系説を支持する考えともとれる。
　しかし、池田・多賀谷の研究成果を総括した池田次郎氏は、「沖縄集団
はアイヌと本土集団の中間に入り、アイヌにとりわけ近いとはいえない
ので、アイヌ・琉球同系説を否定し、沖縄集団を日本人の一地方型と位
置づけた須田説に疑問の余地はまったくないはずである」と結論してい
る（池田、1998）。

毛利の形態小変異による研究

　1998年に筆者らが、頭骨の形態小変異を指標にして、アイヌ・琉球同
系説を否定したことは先に詳しく述べた。しかし実はそれより12年も前
に、同系説を否定した論文が出されていたのである。毛利俊雄氏が京都
大学に提出した学位論文である（毛利、1986）。
　毛利氏は、縄文人と古墳人を含む、日本およびその周辺の12集団に属
する1126例の頭骨について、30項目の形態小変異を自ら観察した。ただ
し先島集団については19項目しか観察できなかった。そのほか文献から
北海道アイヌなど18項目、モンゴル人など11項目のデータを比較に用
いた。集計法は男女別の側単位である。集団間距離には平均形質差（シ
ティー・ブロック距離）を用い、集団相互の距離は多次元尺度法で2次

元図に示した。分析は8項目、13項目、14項目、18項目、19項目、30項目と多岐にわたったが、琉球諸島人についてその結果をまとめると次のようになる。

1）南西諸島の集団は大きく沖縄・奄美と先島に分かれ、沖縄・奄美は本州日本人と大差ないが、先島と本州日本人および沖縄・奄美との距離は小さくない。

2）南西諸島人とアイヌの間にしばしば指摘される類似は、形態小変異では認められない。とくに沖縄・奄美は北海道アイヌから遠い。先島についてはアイヌとの類似がかすかに読み取れるが、アイヌに比べれば本州、沖縄・奄美の方が先島集団に近いので、とくに強調すべき類似とは考えられない。

　要するに毛利氏も結論は、琉球諸島人は縄文人や北海道アイヌに比べ、明らかに本州日本人に近いというものである。

最近の頭骨と歯の研究

　東アジア、東南アジア、それにオセアニアの頭骨データを根こそぎ持って帰るのではないかと思われるほど精力的に計測データの収集に執念を燃やしていたハワイ大学のピートルセウスキー氏が、琉球諸島人についても2編の論文を書いている。1編は男性頭骨を分析したものであり（Pietrusewsky, 1999）、もう1編は女性頭骨の分析である（Pietrusewsky, 2004）。男性も女性もほぼ同じ結果が得られているので、ここでは男性頭骨の分析結果を紹介しておく。琉球諸島人108例の頭骨に対して29項目にも及ぶ計測をおこない、その計測値を縄文時代から近現代に至る日本列島の諸集団と比較した。比較には正準判別分析とマハラノビスの距離という多変量解析法を用いている。その結果は、琉球諸島人は本土の現代人よりも弥生時代・古墳時代・鎌倉時代といった集団に近く、アイヌや縄文人とは最も離れるというものであった。琉球人とアイヌ・縄文人

第 6 章　アイヌと琉球人

が近似するという言説を支持しないという文章の中で、否定形の助動詞
「not」をわざわざ大文字で「NOT」と記載したのが印象的である。よほ
ど自分の研究に自信があったのであろう。

　南西諸島人の歯の特徴については、長崎大学の真鍋義孝氏らの優れた
論文があるので（Manabe et al., 2008）、その内容を簡単に紹介しておきた
い。

　真鍋氏らは沖縄本島の現代人 204 例、南西諸島の北の入り口にあたる
種子島の現代人 129 例、同じく種子島の弥生・古墳時代人 117 例の歯に
ついて 17 項目の形態小変異を観察し、そのデータを日本本土の縄文時代
から現代にわたる 9 集団と比較した。単変量と多変量解析による比較を
おこなったが、多変量解析にはスミスの距離を用い、集団相互の距離は
多次元尺度法で 2 次元図を作成した。

　沖縄本島と種子島の現代人は、縄文人／北海道アイヌよりも、はるか
に本土の日本人に近いので、現代人に関してはアイヌ・琉球同系説を支
持することはできない。しかし、種子島弥生・古墳人は縄文人とほとん
ど変わるところがないので、先史時代人に関しては、縄文・琉球同系説
が成り立つ。そして種子島弥生・古墳人と現代人の大きな違いは、7 世
紀から 10 世紀頃に、九州本土から南下した大陸渡来形質の影響を受けた
ために生じたのであろうというのである。大陸渡来形質は種子島からさ
らに南下して、沖縄本島まで達したのではないかと推測しているが、こ
こでも前に述べたように、沖縄の先史時代の人骨が調査できないことが
邪魔をしている。近い将来、沖縄をフィールドにしている研究者が世代
交代すれば、調査も可能になる日がくると思うので、それを待つしかな
い。

　真鍋氏らの論文でもう一つ注目すべきは、日本列島の 12 集団相互のス
ミスの距離を多次元尺度法用いて作成した図で、沖縄と種子島の現代人
が、日本本土の弥生人・古墳人・鎌倉時代人・現代人よりも地理的距離
が遠いにもかかわらず、わずかではあるが北海道のアイヌに近づいて描
かれている点である。これは、斎藤成也氏らが膨大な数の DNA の多型

153

を用いて分析した結果に大変よく似ているように思われる。これが何を意味するかは、後で考察することにする。

本土からの移住

沖縄の考古学者安里進氏は、沖縄貝塚時代（本土の縄文時代から奈良・平安時代に相当）からグスク時代（本土の中世前半に相当）への変化を次のように解説している（安里、1996）。

1）考古学からは、貝塚時代人とグスク時代人が同一集団であると言うには躊躇せざるを得ない。九州の中世文化の影響のもとに形成されたグスク文化と貝塚文化の間には、本土における縄文文化から弥生文化への転換以上の大きなギャップがみられ、グスク時代には爆発的な人口増加があった。

2）奄美・沖縄の貝塚文化は地域色の強い縄文文化とみられるが、もしそうであれば奄美・沖縄では、縄文系文化が平安時代初期まで続いていたことになる。しかし貝塚文化に続くグスク文化は、中世九州の文化的影響下で、平安時代に大きな経済的・文化的転換をともなって成立し、さらに南方系先史文化の先島をも取り込んで琉球文化圏を形成した。こうして成立したグスク時代には、九州からの人の渡来があったと思われる。

南島考古学に疎い筆者には、安里氏の見解が沖縄では常識なのかどうかは分からない。しかし、沖縄先史時代（貝塚時代）人とグスク時代人との間には体形の上でも大きな違いがあることが、琉球大学の土肥直美氏によって繰り返し主張されている（土肥、1998, 2003, 2012；安里・土肥、1999）。すなわち、グスク時代以後の沖縄人は全体にサイズが大きくなるとともに、顔もやや細長くなり、この違いは大陸渡来系と縄文系の違いにも匹敵し、グスク時代と先史時代の間には明らかな時代差が認められるとのことである。土肥氏が日本人類学会で発表した抄録が 2004 年の学

第6章　アイヌと琉球人

会機関誌に掲載されているが（Doi, 2004）、これによると、グスク時代の頭骨には明らかな歯槽性突顎（反っ歯）がみられ、頭を上からみたときの輪郭は細長くなるが、それらの特徴は先史時代人にはまったく認められず、本土の中世人に類似する。そして、おそらくこれらの特徴は、グスク時代の沖縄に、中世本土日本人の移住があったために生じたものであろう。

　しかし、土肥氏の主張は、学会発表や一般向けの本や雑誌に書かれたものばかりで、査読のある専門誌に掲載されたものはない。観察と経験にもとづいた発言であろうが、データを伴った科学論文が公表されていないのが悔やまれる。

　幸い筆者の手元に、摩文仁ハンタ原遺跡出土の縄文人骨（松下・松下、2011）、那覇市銘苅古墓群出土の中世人骨（分部ほか、1999）、久米島ヤッチのガマの近世人骨（譜久嶺ほか、2001）のデータがあるので、男性の主要計測値と示数、および推定身長を比較してみる。ただし脛骨大腿骨示数は平均値から算出した。

	摩文仁ハンタ原	銘苅	ヤッチのガマ
頭骨長幅示数	80.9	77.7	79.5
上顔高	63.3	68.7	68.7
大腿骨中央断面示数	105.1	108.7	104.5
脛骨中央断面示数	73.6	70.5	72.4
脛骨大腿骨示数	82.4	82.5	81.2
推定身長（大腿骨）	159.4	158.8	155.2

　頭骨の長幅示数をみると、頭骨を上からみた輪郭は確かに銘苅ではやや長細くなっているが、ヤッチのガマではまたもとに戻っている。上顔高も銘苅とヤッチのガマで約5mmも高くなっているが、現代畿内日本人の72.9mmには及ばない。要するに、沖縄では縄文時代から中世にかけて、頭の形が極端に細長くなっているわけでもなく、顔の高さも著しい

155

高顔化に転じたわけでもなさそうである。

　大腿骨の柱状性を表す中央断面示数は、銘苅でやや高い数値を示すが、とくに問題になるような差ではない。脛骨中央部の扁平性を表す中央断面示数は銘苅でやや低いが、これも特記するほどの差ではない。しかしこの二つの特徴はいずれも、どちらかといえば銘苅中世人がより本土の縄文人的であることを示している。縄文人の重要な特徴の一つとみなされている、大腿骨長に対する脛骨長の比である脛骨大腿骨示数は、摩文仁も銘苅も本土の縄文人の変異幅に入り、ヤッチのガマよりわずかに大きい。大腿骨の最大長から推定した身長は、銘苅は摩文仁とほとんど変わらず、ヤッチのガマを3〜4cm上回っている。したがって、沖縄の中世人がとくに大柄になったわけではなさそうである。

　摩文仁縄文人と銘苅中世人の主要な計測値をおおまかに比較しただけであるが、この結果から判断すると、沖縄貝塚時代人とグスク時代人の間に大陸渡来系と縄文系の違いにも匹敵するような大きな違いがみられるという主張は、もっと慎重になされるべきであろう。というのも、本土からの人の渡来を考えなくとも、小進化によって生じた変化である可能性も十分あり得るからである。

　同様な結果は、琉球大学の深瀬氏らの論文にも述べられている（Fukase et al., 2012b）。沖縄先史時代（貝塚時代）人には、しばしば頭の骨を上からみた恰好が"おむすび"のようにまん丸なものがあるが（図17）、そういう脳頭骨を無造作に比較資料として用いるのは危険である。まずはそれが自然のものであるのか、あるいは人工的な変形が施されているのかを見きわめなくてはならない。深瀬氏らは、おそらくこの問題を避けるために、頭骨の顔面部に焦点を絞って、ノギスや三次元計測器を用いて詳細な計測をおこなったものと思われる。そしてその計測値を、沖縄諸島の縄文人14例、本州縄文人20例、沖縄諸島の近世人30例、および本州近現代人28例の男性頭骨について求め、相互に比較した。その結果、沖縄近世人の顔面骨は、本州近現代人のものよりも上下に短く幅広で、しかも幅が広く平坦な鼻根部をもつが、その傾向は沖縄の縄文人にも認

められる。沖縄では近世人も縄文人も、眼窩間幅、すなわち鼻根部の幅が大きいので、計測値でみると鼻根部が平坦になるという。このような点を踏まえて、深瀬氏らは、先史時代以降若干の本土日本人との混血があったかもしれないが、沖縄の現代人は基本的には沖縄の縄文人の形態的特徴をそのまま受け継いでいるのであろうと推測している。

　那覇市銘苅古墓群出土の中世人骨の報告書（分部ほか、1999）には、頭骨の形態小変異の出現頻度も記載されている。そこで主要な観察項目を、近世沖縄本島人（Dodo et al., 1998）と西日本縄文人（百々ほか、2012a）と比較してみると次のようになる。出現頻度は側別集計である。

	銘　苅		近世沖縄		西日本縄文	
	n	p (%)	n	p (%)	n	p (%)
前頭縫合	15	6.7	122	6.6	71	9.9
眼窩上孔	19	31.6	230	41.3	123	10.6
ラムダ小骨	15	6.6	105	11.4	63	6.3
舌下神経管二分	6	16.7	144	13.9	87	12.6
内側口蓋管	9	0.0	176	9.1	84	6.0
横頬骨縫合痕跡	8	37.5	94	12.8	74	37.8
顎舌骨筋神経管	23	0.0	42	2.4	124	5.6

　銘苅中世人の例数が少なく、しかも沖縄縄文人の代わりに西日本縄文人のデータを比較に用いたので、あまりはっきりしたことはいえないが、銘苅の眼窩上孔の出現頻度は明らかに近世の沖縄人的であり、逆にラムダ小骨と横頬骨縫合痕跡は縄文人的である。もしこの結果が正しいとすれば、銘苅中世人は縄文人と近世人との中間的な特徴を備えていると考えることができる。すなわち、沖縄先史時代人から近世人への移行型を示す人たちであったのかもしれない。

　しかし、形態小変異の出現パターンからみると、近世沖縄人は本土の日本人とほとんど変わらないという結果が得られているので（Dodo et al.,

1998)、本土から人の移住があったとすれば、それはグスク時代から近世にかけての時期であったことになる。歴史学的にはどうなのであろうか。

　近世沖縄人の成り立ちに関しては、深瀬氏らの計測的研究と筆者らの形態小変異の研究結果にかなり大きな食い違いが生じてしまったが、もし現代沖縄人が本土日本人の影響下に成立したのであれば、このこともアイヌ・琉球同系説への否定材料になる。ミトコンドリア DNA の分析でも、ハプログループ D が本土日本と沖縄にかなり高頻度でみられるので、両集団間に何らかの交流があったことは間違いないようである（篠田、2012）。しかし沖縄先史時代人の研究は、いまだに十分であるとはとてもいえない状況にあるので、琉球人の成立に関しての真相の究明は今後に期待するしかない。

5．不毛の議論

　アイヌ・琉球同系説を議論することにあまり意味があるとは思えないと述べたのは、琉球大学の譜久嶺忠彦氏らの論文が最初である（Fukumine et al., 2006）。譜久嶺氏らは沖縄諸島の一つである久米島から得られた近世人頭骨 121 例につき 16 項目の形態小変異の“ある・なし”を調べ、琉球諸島を含む東アジア、北東アジア、東南アジア、オセアニアの 22 集団と比較した。集団間の距離の推定にはスミスの距離を用い、集団間相互の距離関係を多次元尺度法と近隣結合法によって図示した。どちらの図でも、久米島・沖縄本島・奄美諸島・先島諸島の集団はひと固まりとなり、本土の日本人に比較的近いが、北海道アイヌや縄文人とは大きく離れている。ただし、琉球諸島人は、本土の日本人よりもわずかではあるが、アイヌと縄文人に近い。この結果を解釈するにあたり、氏らはアイヌ・琉球同系説を肯定も否定もしなかった。北海道アイヌ、本土日本人、それに琉球諸島人のいずれにも、多かれ少なかれ縄文人の血が流れているのだから、アイヌ・琉球同系説を肯定したり否定したりすること自体意味がないと考えたのである。そのような視点で、同系説を否定した論文

第 6 章　アイヌと琉球人

と肯定した論文を見直してみると、興味ある事実が浮かび上がってくる。

　須田昭義氏は「琉球人は日本人以外のものではない」と、きっぱりとアイヌ・琉球同系説を否定したが、多毛、腋臭の存在、耳あかの柔らかいことなどは、あるいは日本人の変異の範囲外に出るかもしれないと述べている（須田、1950）。同じく同系説を否定した、ピートルセウスキー氏の論文（Pietrusewsky, 1999）に描かれたクラスター分析の図をみると、沖縄本島南城市の玉泉洞と久米島の風葬墓人骨は、アイヌ・縄文人と本土日本人グループの中間に位置している。筆者らの形態小変異の論文（Dodo et al., 1998）の近隣結合法の図でも、琉球諸島人は縄文・アイヌ群と本州日本人の中間とみなしてよい位置にある（図48）。真鍋氏らの歯の形態小変異の論文（Manabe et al., 2008）の多次元尺度法による図でも、沖縄と種子島の現代人が、日本本土の弥生・古墳・鎌倉・現代の集団よりも地理的な距離が遠いにもかかわらず、わずかではあるが北海道のアイヌに近づいて描かれていた。池田次郎氏と多賀谷昭氏の頭骨と生体についての論文でも（Tagaya and Ikeda, 1976；池田・多賀谷、1980）、沖縄集団はアイヌと本土集団の中間に入ることを認めている。

　埴原和郎氏の二重構造モデルの論文も（Hanihara, 1991）、尾本惠市氏の遺伝学の論文（Omoto and Saito, 1997）も、紆余曲折の末、アイヌ・琉球同系説を肯定する立場に変じたことは前に詳しく述べた。斎藤成也氏らがオール・ジャパン体制でおこなった遺伝学的研究が、今のところ最も説得力のあるアイヌ・琉球同系説を肯定する学説として受け入れられているが（Japanese Archipelago Human Genetics Consortium, 2012）、個体別分析における主成分分析図をみると、琉球人と本土日本人はほとんど隣り合っているし、集団別分析の系統樹（図50）を見ても、距離の上では琉球人と本土日本人が近く、アイヌが飛び離れている。

　図52は斎藤氏らの論文の結論のところに描かれた図である。アイヌも琉球人も本土日本人も、ずっと元を遡れば根っこはみんな縄文人にたどり着く。その後、大陸系の弥生人あるいは北方系のオホーツク人、それに本土の日本人との混血の濃淡が、それぞれアイヌ、本土日本人、琉球

159

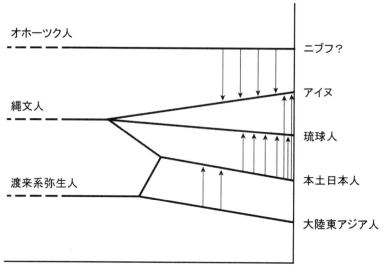

図52. ニブフ、アイヌ、琉球人、本土日本人、および大陸東アジア人の成り立ちを示す模式図
（横軸は時間、縦の矢印は遺伝子の流動を表す）

人という独自の民族集団を成立させたのである。とすると、ベルツのアイヌ・琉球同系説というのは、日本列島の人類史の一側面だけを強調したものにすぎず、我々はアイヌ・琉球同系説という学説にあまりにもとらわれすぎていたのでないだろうか。そんなわけで、筆者はアイヌ・琉球同系説は一度白紙に戻した方がよいのではないかと思う。筆者らの論文（Dodo et al., 1998）を撤回するつもりはないが、「アイヌ・琉球同系説を否定する」というタイトルがまずかったことは認めておきたい。

第7章　人種の孤島

1．眼窩上孔と舌下神経管二分

人類集団の分類に有効

　データをいろいろいじっていると、思いがけない事実にぶつかることがある。眼窩上孔（図32）と舌下神経管二分（図33）がその例である。この2項目だけでも、世界中の人類集団を分類するのにかなり有効ではないかと気がついたのである。

　国内の集団についてみると、図53に示したように、縄文人とアイヌ群と大陸系の弥生・古墳人ならびに現代日本人群という二つのグループが識別される。この結果は、図41に示した22項目にもとづいたクラスター

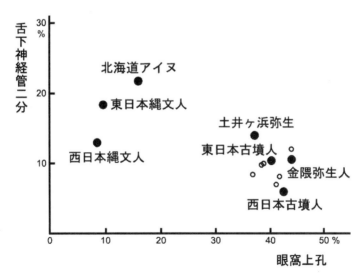

図53．眼窩上孔と舌下神経管二分の出現頻度からみた日本列島の諸集団
　　　（○は現代日本人）

図と基本的には一致している。目を世界に転じると、眼窩上孔と舌下神経管二分の出現頻度だけで、オーストラリア先住民、サハラ砂漠以南のアフリカ人、ヨーロッパ系住民、東アジア系住民、それに北アメリカの先住民という具合に幾つかのグループ分けが可能であることが明らかになった。この結果は 1987 年に学会の機関誌である人類学雑誌に発表したが（Dodo, 1987）、ほとんどの集団のデータを文献から引用したので、信頼性はそれほど高いとは思われなかった。

　ところが 2001 年になると、北里大学の埴原恒彦氏と琉球大学の石田肇氏が、筆者と同じ判定基準で採取した、世界中の 80 にもおよぶ人類集団の形態小変異のデータを発表した（Hanihara and Ishida, 2001a, b）。その観察項目の中には眼窩上孔と舌下神経管二分も含まれていたので、50 個体以下からなる集団を除いた 71 集団について、この 2 項目の出現頻度を比較してみた（Dodo and Sawada, 2010）。その結果は図 54 に示したが、世界中の 71 集団は互いに分布範囲を重ねながらも、大筋では 1987 年の論文と同様に、オーストラリア先住民、サハラ砂漠以南のアフリカ人、北アフリカ・ヨーロッパ・南アジアといったヨーロッパ系の集団、それに東南アジア・ポリネシア・東アジア・中央アジア・東シベリア・極北・アメリカ大陸といった大陸東アジアに由来すると考えられている人々の 4 グループに区分される。人種学的用語でいえば、オーストラロイド、ネグロイド、コーカソイド、モンゴロイドの 4 大人種が識別されるわけである。

　集団の判別力は眼窩上孔の方が強いようで、頭骨単位の出現頻度をみると、縄文人の 18.1％を最低として、ロシア極東の先住民であるチュクチの 79.7％を最高とする。その差は 61.6％にも及ぶ。これに対して舌下神経管二分は、イースター島住民の 5.5％を最低として、最高はペルー人の 41.5％で、その差は 36.0％にすぎない。眼窩上孔が集団を判別する力が強いことは、ロシアの人類学者コジンツェフ氏も認めているが（Kozintsev, 1990）、舌下神経二分については集団間の変異が小さく、集団の分類に有効かどうか疑問があるという指摘がある（Hauser and De Stefano, 1985；Kozintzev, 1990）。しかし、眼窩上孔と舌下神経管二分を組み

第 7 章　人種の孤島

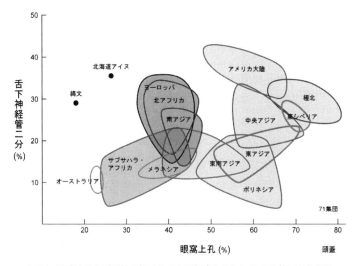

図54. 眼窩上孔と舌下神経管二分の出現頻度からみた世界71集団の分布図

合わせて用いると、図54に示したように世界中の人類集団がかなり適確に分類されるようである。

遺伝率の推定

ロンドンのスピタルフィールズ教会の地下納骨堂からは、ロンドン自然史博物館のモレソン女史らによって、中・近世のフランス系英国人の遺骨が総数965個体発掘されている（Molleson et al., 1993）。このうち387個体は棺プレート（coffin plate）によって名前、年齢、死亡年月日が明らかにされており、それらを教会の埋葬記録と照合することによって、幾つかの遺骨の正確な血縁関係が復元された。親子の関係がわかる遺骨が43組、兄弟姉妹関係がわかるのが37組あった（Molleson、私信）。

筆者は、この人骨コレクションの頭骨の形態小変異を調査させてもらうために、1996年と2000年の二度にわたりロンドンに出張した。形態小変異の発現にどの程度の遺伝性があるかを調べるためである。そのた

めには遺伝率を推定する必要がある。人類学用語事典（渡辺編、1997）で遺伝率を調べてみると、「ある量的形質の表現型分散に対する遺伝的な分散の比率のこと」とある。何のことかさっぱり分からないが、とにかく身長や体重のように表現型に変異がなければならないようである。形態小変異は計測値のように量的形質ではないが、背後に"起こりやすさ"が連続的に変異していると仮定すれば遺伝率が推定できるとされている（Falconer, 1965）。遺伝率は 0 から 1 までの値をとるが、一般に遺伝率が高ければ、その形態小変異が発現する原因として、環境よりも遺伝に支配されている度合いが強いと考えてよいらしい。

　血縁資料がそれほど多くはなかったので、正確な遺伝率の推定は無理にしても、大体でよいから、とにかく遺伝率を算出してみようと相当な時間もがき苦しんだが、結局筆者の数学的な能力では結果を出すことができなかった。そこで東京大学の近藤修氏に 400 枚近いデーターシートを送り、遺伝率の算出をお願いすることにした。近藤氏は第 1 度血縁者（親子および兄弟姉妹）のデータをもとにして、ファルコナーの式を用いて（Falconer, 1965；田中・野村共訳、1993）、いとも簡単に遺伝率を算出してくれた。その結果を示すと、眼窩上神経溝 0.084、眼窩上孔 0.8634、顆管開存 0.3536、舌下神経管二分 0.5057、ヴェサリウス孔 0.3075、上矢状洞溝左折 0.8000、頸静脈孔二分 0.6290、顎舌骨筋神経管 0.9649 というものであった（近藤修、未発表）。

　スピタルフィールズ人骨では顎舌骨筋神経管の遺伝率（0.9649）が最も高かったが、これは第 1 章で述べたように、この人たちが現代人にしては高頻度でこの特徴を発現することと関連して興味が持たれる。そのほかでは、眼窩上孔（0.8634）と上矢状洞溝左折（0.8000）の遺伝率が比較的高い。

　ここで幾つかの項目の遺伝率を推定した結果を示したが、本項ではそのこと自体が目的ではなく、眼窩上孔（0.8634）と舌下神経管二分（0.5057）の遺伝率を比較したかったのである。図 54 に示したように、世界中の人類集団を分類するにあたっては、舌下神経管二分よりも眼窩上孔の方が

はるかに判別力に優れている。これは遺伝率の違いに起因しているのではないかと思われる。最近、頭部のCT画像を用いた形態小変異と遺伝子の関係を調べるプロジェクトが開始されたことは前に述べたが、眼窩上孔と遺伝子の関係がどのようになっているのかに焦点を合わせた調査結果を心待ちにしている。

2．モンゴロイド説

　北海道大学の児玉作左衛門氏によれば、アイヌの人種所属に関しては諸説があるが、大きくみれば次の5説にまとめられるという（児玉、1970）。

　　1）モーコ人種説
　　2）コーカサス人種説
　　3）大洋州人種説
　　4）古アジア民族説
　　5）人種の孤島説

　児玉氏自身はアイヌ＝コーカサス人種説、いわゆる白人説を主張していたが、当時札幌医科大学に在職していた埴原和郎氏が自著の中で、「アイヌは白人か？」という章を設け、児玉氏に猛然と反撃していく様子が詳しく書かれている（埴原、1995）。

　国際生物学研究計画（IBP）の一環としてアイヌ研究班が組織され、1966年から1971年まで、日高地方と有珠地区のアイヌと和人について学際的な調査がおこなわれたが、埴原氏は歯の調査を分担し、その研究結果から「アイヌは白人系でもアボリジニ系でもなく、アジア系の集団である」と結論したのである。アイヌ研究班の正式研究報告書は1975年に刊行されたが（Watanabe et al., 1975）、その中に後に学界の大御所となる埴原和郎氏と尾本惠市氏の研究論文が掲載されているので、その要旨を、

筆者のコメントとともに紹介してみたい。

　埴原氏は、12歳〜14歳の日高地方のアイヌの少年105人分の歯の石膏模型について、シャベル状切歯など6項目の形態小変異を調査した。家系調査によると、この子どもたちの和人との混血率は23%程度であるという。個々の項目の出現頻度を比較しても、またスミスの距離で総合的に比較しても、アイヌに最も近いのは和人とエスキモーであり、コーカソイド（白人）ははるかに遠くに位置する。このことからアイヌはモンゴロイドの血統を引いた人たちであり、和人やエスキモーと祖先を共通にしているに違いないと考えた。

　しかし、アイヌと和人にみられる身体的特徴の違い（たとえばアイヌの多毛性、長頭性、落ちくぼんだ鼻根部、扁平な四肢骨など）を説明するのには苦慮したようで、アイヌにみられるこれらの身体的特徴は、ある特定の人種に固有のものではなく、人類集団の古いタイプの特徴を示すものであり、体毛やひげが発達しないというモンゴロイド的特徴は、極端な寒冷地に適応する過程で獲得したものであろうと述べている。もしそうであれば、アイヌをモンゴロイドとした理由があいまいになってしまうが、その点に関しては、アイヌは現代モンゴロイドの祖先集団からその身体的特徴を引き継いだのであろうと説明している。

　尾本氏はまず、多型性変異遺伝子の頻度をアイヌ、和人、イギリス人、オーストラリア先住民の間で比較し、アイヌが遺伝学的にモンゴロイド集団と近縁であることを明らかにした。続いて13個の遺伝子座と16個の遺伝子座のデータを用いて遺伝的距離を求め、それをクラスター分析した結果を示した。その際、日高地方のアイヌにおける和人との混血率を40%と推定して、それにもとづいて遺伝子頻度を補正した集団を“祖先アイヌ”と仮定した。どちらの分析でも、アイヌは東アジアを含むモンゴロイド・グループと結合し、コーカソイドはもちろん、オーストラロイドとの近縁性も認められなかった。これらの結果から、「アイヌは遺伝的に東アジアのモンゴロイドに近く、コーカソイドやオーストラロイドに近いとか、“人種の孤島”という説は受け入れられない」と結論している。

第7章　人種の孤島

　しかし尾本氏にも、アイヌの身体的特徴をどのように解釈するかという難問が待ち受けていた。尾本氏も、顔面の立体性、長頭傾向、眼窩上縁の発達などのアイヌにみられる身体的特徴は、人類進化の特定の段階にある多くの人類集団に一般的に認められる特徴であると説明している。そして、モンゴロイド集団（後期モンゴロイド（later Mongoloid））の特殊化した形態的特徴は、最終氷期の北東アジアの極度の寒冷地への適応の結果生じたもので、地理的に遠隔の地に居住していたアイヌのような先住古モンゴロイド（proto-Mongoloid）集団は、後期モンゴロイドの影響をあまり受けることなく、最近まで古いタイプの現生人類に一般的な形態的特徴を残していたのであろうと考えた。すなわち、モンゴロイドには古モンゴロイドと後期モンゴロイドという二つのタイプがあり、アイヌは古モンゴロイドに属するというのである。この点は、アイヌは現代モンゴロイドの祖先集団からその身体的特徴を引き継いだのであろうという、埴原和郎氏の主張とほとんど変わるところがない。

　観察だけに頼った結論は印象論にすぎないとか、外観的な特徴に頼り、ときには顔つきの印象から結論を出していたという、古典的な人種分類を厳しく批判していた埴原和郎氏と尾本惠市氏であるが、両氏とも最終的な考察の段階で印象論に陥っているのではないかという感は否めない。埴原氏も尾本氏も、アイヌが東アジアのモンゴロイドに結びつくという研究結果にたどり着いたのであるから、アイヌはモンゴロイドであるとだけ述べれば、それでよかったのではないだろうか。

　モンゴロイドというのはその字義どおり、モンゴル人のようなという意味であるから、顔が平坦で、体毛もひげも少なく、目は一重まぶたで、モーコひだのある人々をさすのである。それに対してアイヌは、顔が立体的で、体毛もひげも濃く、二重まぶたが多く、モーコひだをもつ人が少ないなどの身体的特徴を有するのである。それらの特徴を考慮すると、アイヌをモンゴロイドと断定するのもはばかれたので、現代モンゴロイドの祖先とか、古モンゴロイドなどと呼んだのではなかろうか。

　尾本惠市氏は後になって、アイヌの和人との混血率を60%と仮定し、

それを補正した"祖先アイヌ"を近隣結合法で分析すると、"祖先アイヌ"はオーストラリア先住民と結合するという結果を発表した（Omoto, 1995）。アイヌ・モンゴロイド説を撤回したわけではないが、立体的な顔つきとか多毛といったアイヌとオーストラリア先住民に共通してみられる身体的特徴は、旧石器時代の人類がもっていた一般的特徴とみなし得るのではないかと考えた。ただし、現代人の系統関係を推定する際、いつも問題になるのは混血の問題であり、将来はより混血の影響の少ない古人骨からDNAを抽出した研究が必要であろうとも述べている。

　筆者は正式な人類学の教育を受けてはいない。それでも、最終的には外観的な特徴に頼った印象論も無視し得ないのが人類学ではないかと感じている。とくに人骨を観察しているとそう思うことが多い。尾本氏が予測したように、現在では古人骨を用いたDNA研究が主流となってきているが、DNAから得られた結果は、必ず人骨全体の形態的特徴と照合する努力を怠ってはならないと思う。逆に骨の形態学をやっている人も、DNA分析による結果に常に目を光らせておく必要があるだろう。

　2010年にデニソア人という人類化石が報告された（Krause et al., 2010；Reich et al., 2010）。ロシア・シベリア南部の洞窟から発見された3万年〜5万年前の化石であるが、残っていたのは何と小指の末端の骨と上顎大臼歯1本のみである。これをDNA分析したところ、現生人類でもネアンデルタール人でもない未知の人類だということがわかったというのである。遺伝人類学者には驚嘆に値する成果かもしれないが、骨の形態学に従事している筆者には、姿の見えないDNA人類としか映らない。DNAの暴走といったら言いすぎであろうか。

3．形態小変異にもとづく学説

　ここで筆者の研究に戻る。図54に示したように、眼窩上孔と舌下神経管二分の出現頻度の分布をみると、世界中の71集団は大まかではあるが、いわゆる4大人種（オーストラロイド・ネグロイド・コーカソイド・

モンゴロイド）に分けられる。ところがアイヌと縄文人は、眼窩上孔の出現頻度が低く、逆に舌下神経管二分は頻度が高いので、図中の左上に離れてしまい、いわゆる4大人種のいずれにも属さない。

さらに、埴原恒彦氏と石田肇氏が収集した形態小変異のデータの中から観察者誤差の少ない10項目を選び、アフリカ、ヨーロッパ、アジアの諸集団との関係を多変量解析によって分析してみても、アイヌと縄文人はこれらの集団から遠く離れ、特定の人類集団には含まれない。まさに現生人類の大海に浮かぶ"人種の孤島"的存在である。この研究成果は論文にはしていないが、一般向けの科学雑誌に掲載されている（百々、2007）。

アイヌと縄文人が特定の人種集団に属さないのは、日本列島というユーラシア大陸の東端に位置する孤島で、1万年以上にもわたってほとんど大陸集団と交流をもたなかったために特殊化したのか、あるいは山口敏氏（Yamaguchi, 1982）や尾本惠市氏（Omoto, 1995）が主張するように、後期旧石器時代人一般に共通する身体的特徴を持ち続けてきたためなのか、残念ながらまだはっきりした答えを出すことはできない。

筆者は他の調査団にまぎれ込んで、東南アジアと東アジアの古人骨を調査したことがある。もちろん、日本の縄文人に似た人骨を探し求めてである。ここでは三件の調査結果を報告しておこう。まずは、ベトナム・ハノイで調べた更新世末期から完新世初期（1万5000年前から8000年前頃）のホアビン文化期の人骨。宮城県の青島貝塚から発掘された縄文人頭骨とホアビン文化期の頭骨を図55aに示したが、顔面部の形態的特徴がまるで違っている。ホアビン文化期の頭骨では、上顎骨が前へ突き出て、歯も全体としてみると縄文人よりもはるかに大きい。形態小変異の出現パターンでみても縄文人とは明らかに異なる。次が中国・内モンゴル自治区で調べた新石器時代初頭（約8000年前から7500年前）の人骨。青島縄文人頭骨と比較すると顔がのっぺりしており、これも形態的に縄文人とは大きく異なる。形態小変異による分析でも、縄文人とは遠く離れる。最後が西モンゴルの後期青銅器時代から初期鉄時代（紀元

前7世紀から紀元前3世紀頃）のチャンドマン遺跡出土人骨。この人骨を初めてみたときには、縄文人と見間違えるほどの驚きを覚えたので、ちょっと詳しく紹介しておく。

　青島縄文人頭骨と比較した図55bからわかるように、眉間がお椀を伏せたように高まり、鼻の付け根が深く窪んで、そこから鼻骨が直線的に前に突き出ているといった特徴がまるで縄文人のようであったのである。この遺跡の人骨については縄文人に類似するとして、二度ほど人類学会で発表したが、今から考えると赤面ものである。頭骨の計測値をペンローズの距離という簡単な多変量解析で周辺集団と比較すると、縄文人ともそこそこ近いが、最も近いのはロシア人であった。さらに形態小変異にもとづいたスミスの距離で比較すると、今度は距離が最小なのはバイカル新石器時代人で、縄文人とは最も遠く離れてしまった。

　バイカル新石器時代人が東アジア人的（モンゴロイド）であることは、琉球大学の石田肇氏によって繰り返し述べられているので（Ishida, 1992, 1995, 1996, 1997；石田、1993, 1996a）、チャンドマン頭骨は、計測値の上ではヨーロッパ人的、形態小変異では東アジア人的というモザイク状の特徴をもっていることになる。ヨーロッパ系の住民と東アジア系の住民が長いことせめぎ合ってきた中央アジアでは、妙なことが起こっているようで、国立科学博物館の篠田謙一氏によれば、カザフスタンやロシア・アルタイ共和国のスキタイの墓から出土した人骨には、形態はヨーロッパ系の特徴を示すが、DNAは東アジアの系統を引くものがあるとのことである（篠田、2007）。

　中央アジアの人類集団は非常に興味ある研究テーマになりそうであるが、それはさておき、チャンドマン人骨が日本の縄文人とは異なることだけは確かなようである。先ほど人類学には形態にもとづいた印象論も必要であると大見得を切ったわりには、筆者の観察眼はまだまだ未熟であったと反省している。というのも写真を見ただけで、とっさに違いを指摘した人がいたからである。国立科学博物館の人類研究部長をされていた馬場悠男氏である。鼻の穴（梨状口）と眼窩の間にある骨（上顎骨

第7章 人種の孤島

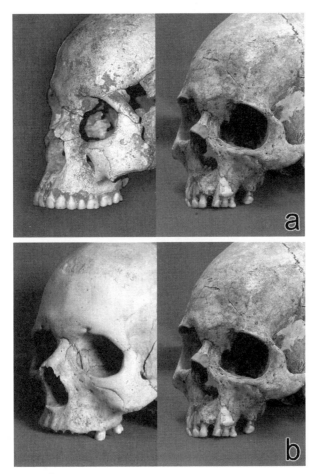

図55. 宮城県青島貝塚縄文人（右）と大陸旧石器〜青銅器時代人頭骨の比較
（a. ベトナム・後期更新世〜初期完新世のホアビン文化期の頭骨との比較
b. 西モンゴル・青銅器時代のチャンドマン遺跡頭骨との比較）

前頭突起の基部）の幅が全然違うというのである。このご指摘には、恐れ入りました、そのとおりでありますと言うしかない。

このように筆者の形態小変異による分析結果や東南アジアと東アジアの古人骨の直接観察結果からみても、日本の縄文人、それにその末裔にあたる北海道アイヌに類似する人類集団は今のところまだ見つかっていない。これは明治時代に小金井良精博士が唱えた"人種の島"説（Koganei, 1893-1894）を支持する結果であるが、世界中を見わたすと、アイヌと縄文人に限らず、4大人種のいずれにも帰属しない集団がまだだ結構たくさんいるのではないかと思われる。このような集団をいずれかの人種に当てはめようとする試みそのものに無理があるのではないかと、筆者は考える。アイヌも縄文人も4大人種とは独立した小集団なのではなかろうか。

このような考えはすでに、筆者の師匠である山口敏氏が自著の中で述べている（山口、1999）。「オーストラリアから、カナダ、そしてロシアへと、アイヌの起源をたずねて大きく回り道をしてきたが、結局たどりついたのは日本列島だったのである（縄文時代人：筆者注）。アイヌはオーストラロイドでもモンゴロイドでもコーカソイドでもない。小金井良精がかつて人種の島と呼んだように、どの大人種にも結びつかないし、また敢えて結びつける必要もない。小さいなりにそれ自体独立した一つの人種として、"アイノイド"と呼ぶべきなのかもしれない。」

この見解は、筆者の主張と基本的には完全に一致している。筆者は、いつまでも師匠の言説を越えることができない三流学者に留まっているが、形態小変異の研究を一途に続けてきただけあって、調査した資料数だけは師匠を上回っている。

第8章　東北地方にアイヌの足跡を辿る

1．フィールドを東北地方へ

　長谷部言人博士は、1916（大正5）年に東北大学に着任して1938（昭和13）年に東京大学人類学教室に転出した。この22年間、縄文土器の研究で大きな業績を残した山内清男氏とともに、東北地方の人類学的研究に精力的に取り組んだ。しかし研究第一主義を看板にしていた東北大学では、当時においても長谷部氏のような人類学者は異端の存在であったようである。たとえば、講義では頭蓋骨を自分の前に持ちながら、それに向かって何かぼそぼそと話しかけるようなやり方であったという。それを講義室の鍵穴から覗いていた、実質的に解剖学三講座を牛耳っていた布施現之助教授が烈火のごとく怒ったとか。また、学部長時代には研究そっちのけでいつも学部長室にいたなど、東北大学内ではいたく評判が悪かったと話に聞いている。

　長谷部氏は筆者が大学を卒業したのと同じ1969年に故人となられたので、氏とはまったく面識はないが、人類学では独特の学風を育んだ研究者であったらしい。山口敏氏（1999）によると、長谷部氏の学風は次のようなものである。「計測値などの数値よりは、個々の人骨の形態を細部にいたるまでじっくりと観察することに主眼をおき、石器時代人骨のもっている形態的な特徴の意味を深く追求する。骨の形態は、それに付着する筋肉の発達の程度によって影響される。したがって、生活の様式や労働の内容が変われば筋肉の働き方も変わり、ひいては骨の形までにその影響が及ぶ。であるから、縄文時代から弥生時代、古墳時代、そして現代日本人にいたる骨格の変化も、各時代の生活と労働の内容で説明できるという、進化論的日本人起源論とも呼ぶべき学説に発展していった。」これは、長谷部氏の"変形説"とも呼ばれ、鈴木尚氏の"小進化説"の

先駆けをなす学説である。

　1938年に長谷部氏が東京大学に転出してから50年以上にもわたって、東北大学には人類学の研究者が不在になってしまった。その間は東京大学、京都大学、新潟大学、聖マリアンナ医科大学などの研究者が東北地方の古人骨の研究をおこなっていたが、地元に研究者がいないことで東北地方は人類学不毛の地と化してしまった。1993年になってようやく、札幌医科大学に在職していた筆者に、東北大学に来ないかという話が持ち上がった。分子生物学や神経科学が全盛を誇っている時期に、よく筆者のような何の役にも立ちそうもない人骨の研究者に声をかけてくれたなと今でも不思議でならないが、どうも小説を書くような名物教授が筆者を推薦してくれたようで、東北大学も今よりは多少余裕があったのかもしれない。

　助教授であった石田肇氏と助手の近藤修氏を札幌医科大学に残し、講師の埴原恒彦氏と二人で、新しいフィールドに踏み込んだのは1994年6月であった。東北地方でやってみたかったテーマは二つあった。一つは縄文時代以前の旧石器時代人骨を北上山地の石灰岩洞窟から探し出すこと。もう一つは東北地方の古人骨の集大成をすることであった。古人骨の集大成は定年までの間にじっくりやる仕事と決めつけて、まずは旧石器時代人骨の探索に取りかかった。本場フランスのボルドー大学でネアンデルタール人類の研究を続けていた奈良貴史氏に助手になってもらい、慶應義塾大学の民族学考古学研究室と共同で、岩手県花巻市大迫町所在のアバクチ洞穴と風穴洞穴の発掘調査を1995年から開始した。

　このように東北大学での仕事は順調に進んだが、札幌医科大学では思わくどおり事が運ばなかった。石田肇氏が当然筆者の後継者になるものと思っていたが、人骨研究者などはすでに時代遅れとみなされていたのか、後任には臨床解剖学者が選ばれてしまったのである。石田氏はしばらく我慢の時期を過ごしたが、幸い琉球大学に着任して、今では大学院生をたくさん抱えた大所帯のリーダーとして沖縄と北海道の人類学で活躍している。近藤修氏は東北大学に異動した後、しばらくしてから東京

大学に転出した。

　札幌医科大学では解剖学の講座間の壁が低く、研究費も豊富で大変仕事がやりやすかった。一方東北大学では講座間の壁は高く、大学が支給する研究費も多くはなかった。しかし、研究に対しては他講座からの干渉がまったく入らず、出身学部を問わず大学院生が取れるという長所があった。自分の研究費は自分の才覚でというのが国立大学の常識であったようであるが、金額は少なくとも日本学術振興会から科学研究費補助金を継続的にもらうことができたので、毎年2、3名入学してくる大学院生を抱えながらも、それほど研究費に苦労することなく研究を進めることができた。

アバクチ・風穴洞穴

　アバクチ洞穴遺跡は1995年から2000年まで、筆者らの研究室が主体になって発掘調査をおこない、すぐ上流に位置する風穴洞穴遺跡は1996年から1999年まで慶應義塾大学が発掘調査を担当した。食事と宿舎は共同で、毎晩夕食後ミーティングをおこない、お互いの進行状況を確認しながら作業を進めた。毎年30名〜40名のスタッフや学生さんが一泊三食付き4500円の宿舎に泊まるのであるから、毎日が雑魚寝状態であった。地元との折衝は大迫町教育委員会の中村良幸氏のお世話になった。風穴洞穴では落石があり、慶應義塾大学の学生さんが危うく命を落とすところであったり、宿では女子部屋に痴漢が侵入したり、書き出したら止まらないほどいろんな事件があったが、そのことは別の機会に譲る。

　結局6年間にわたる発掘調査という膨大な作業にもかかわらず、当初目的とした旧石器時代の石器や人骨の発見には至らなかった。しかしそれ以外の点では、人類学、考古学、それに古生物学上重要な知見が得られた。この発掘調査の報告書は、単行本として東北大学出版会から刊行されている（百々ほか、2003）。

　風穴洞穴は完掘したが、後期更新世の地層からニホンザルやアナクマなどの現生種のほか、日本列島では絶滅したオオカミ、ゾウ、ヘラジカ

などの中・大型動物、ニホンモグラジネズミなどの小型動物の骨や歯が多数検出されている。ゾウの骨の放射性炭素（C14）年代測定では18140年前という値が得られている。古生物を担当した愛知教育大学の河村善也氏によると、日本の後期更新世の化石産地の動物群で、これだけ多彩な構成要素をもつものは少なく、後期更新世の日本の動物相を考える上で、風穴遺跡の動物群はきわめて重要なものであるという（河村、2003）。

　アバクチ洞穴は地表から深さ約3mまで掘り下げたところで、最大径1mを越える崩落石灰岩に阻まれて基盤まで達することはできなかったが、最下層から検出されたクマの中手骨の放射線炭素（C14）年代が46000年前と出たので、この地層が後期更新世のものであることに間違いはない。しかし人間が生活した痕跡は、それよりも上層の縄文時代と弥生時代に限られていた。縄文時代の層序中には集石遺構が検出され、中央にツキノワグマの大腿骨と頭骨を配置し、周辺には縄文後期の土器片とツキノワグマの遺存体が多数散乱していた。クマの犬歯が36本採集され、少なくとも13頭分のツキノワグマがいたことが明らかになった。さらにその近辺からは、アクキガイ科の海産小型巻き貝も44個採集されているので、この集石遺構はクマに対する何らかの儀礼をおこなっていた場所ではないかと考えられた（澤田、2003）。

　アバクチ洞穴の発掘で最も注目すべきは、弥生時代の幼児埋葬人骨の発見である。楕円形の墓壙に左側臥屈葬で埋葬されており、右手首には直径約6mm、厚さ2～4mmのタマキガイ科の貝小玉を69個つないだものが二重に巻かれていた。この墓壙は上面が弥生時代後期の灰層に被われ、埋土からは弥生中期の土器が検出されたので、人骨の属する時期は弥生時代中期と推定された。骨の一部を用いた放射性炭素（C14）年代測定でも2165年前という結果が示され、弥生時代中期であることが確実になった。人骨は足骨を除いてほぼ全身が良好な状態で保存され（図56）、年齢は3～4歳と推定された。

　この人骨の形態学的特徴を詳しく分析した東北大学の奈良貴史氏と鈴木敏彦氏によると、「歯のサイズが大きい、鼻骨が平坦である、眼窩が

第8章　東北地方にアイヌの足跡を辿る

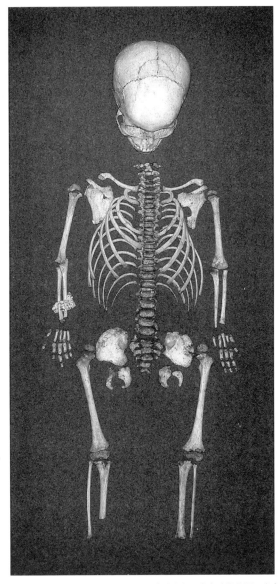

図56. 岩手県花巻市大迫町アバクチ洞穴遺跡出土の弥生時代幼児の全身骨格

高く丸いなどの点では、縄文人よりもむしろ渡来系弥生人に近い特徴を
備えている。しかし、上顎前歯のシャベル状形質の程度が弱いこと、上
顎骨前頭突起が前後方向に立つ傾向があることなどの縄文人的特徴も同
時に認められる。すなわち縄文人要素の中に渡来的要素が混入したモザ
イク的形質を示していると考えられる。」とのことである（奈良・鈴木、
2003）。大陸系弥生人の遺伝的影響がすでに、弥生時代中期には岩手県ま
で到達していた可能性があるというのである。しかし、東北地方北部の
弥生時代人骨はこれまでのところ、このアバクチ幼児骨1体のみである
ので、今後の資料の追加を待ってから結論を導き出すべきであろう。

　なお2011年には、岩手県二戸市の中穴牛遺跡において、遠賀川系の弥
生土器内から乳幼児を含む5～6体の人骨片が発見されたとのことであ
る（茂原信生、私信）。歯がかなり良好な状態で残っているので、在地系
か渡来系かといった系統関係もある程度推測できるかもしれない。

　"東北地方に日本更新世人類化石を探るプロジェクト"は、阿部祥人
氏を中心とした慶應義塾大学民族学考古学研究室、新潟医療福祉大学に
移られた奈良貴史氏、それに聖マリアンナ医科大学の澤田純明氏（2015
年4月に新潟医療福祉大学に異動）らによって、青森県の尻屋崎近くの
洞穴遺跡において現在も続けられている。人骨はまだ見つかっていない
が、後期旧石器時代の石器や絶滅動物の化石がすでに発見されていると
のことである。

2．東北地方の古人骨

　東北地方には縄文人骨が出土した貝塚遺跡や洞穴遺跡がたくさんある。
筆者がもっているデータシートをみても、北海道全域の縄文人骨が70例
であるのに対して、東北地方では、宮城県と岩手県に限っても97例もあ
る。これとは反対に、弥生人骨の出土例はきわめて少ない。人類学的な
研究に耐えるのは、福島県須賀川市牡丹平遺跡出土の成年女性人骨（小
片ほか、2000）と先ほどのアバクチ幼児人骨の2例のみである。筆者が東

第8章　東北地方にアイヌの足跡を辿る

北大学に赴任した当時は、古墳時代や歴史時代の古人骨も各地に散在しており、東北大学にはほとんど資料がなかった。

　それが不思議なことに、地元に骨の専門家が着任すると、東北地方各地でおこなわれている行政発掘調査で掘り出された古人骨がひとりでに集まってくる。鑑定依頼である。これがなかなかのくせ者で、行政調査の場合は年度内に報告書を書かなくてはならない。骨の取り上げ、洗浄から復元、観察・計測、写真撮影、分析、原稿書きと相当な時間を取られるのである。筆者も、若い頃は骨の勉強のために積極的に報告書を書いた。当時は研究費も自分持ちで、見返りは骨が大学に寄贈されることだけであった。今ではさすがに研究費をつけてくれるようになったが、それでも行政調査報告書は、大学では何の業績にも数えてもらえない。自分の論文を書く時間と報告書作成に要する時間のバランスをうまく取れるようになるまで、相当な経験が必要である。

　幸い東北大学では、多いときには10人ほどの大学院生がいた。そこでみんなで分担して報告書の作成に取り組む態勢を整えた。筆者自身は机の前で勉強しているより、現場に出て骨を掘っている方が楽しい。しかし、責任ある立場に置かれると、そうもいっていられない。大学院生の論文指導は筆者の責任であるが、行政調査の人骨の報告者作成には学生諸君に大いに助けられた。このようにして在任中に、古墳時代・古代人骨が50例以上、江戸時代人骨100例以上が筆者の研究室に集まってきた。

古墳時代人と江戸時代人

　これを契機に2005年に、「東北地方にアイヌの足跡を辿る」というプロジェクトを立ち上げた。このプロジェクトは、東北地方の古墳時代や江戸時代の人骨の中にどの程度縄文人やアイヌの形態的特徴が残っているのかを明らかにし、さらに東北地方の古人骨を扱うにあたっては避けて通ることのできない"蝦夷の人種論争"についても若干の考察を加えようとしたものである。筆者の定年退職まであと4年に迫っていた。

　調査した古墳時代人骨は、南東北の宮城県と福島県の太平洋側の遺

跡から出土したもので、北限は宮城県石巻市、南限は福島県いわき市である。6世紀から8世紀にかけての後期古墳と横穴墓出土人骨を主体とする保存状態良好な成人40例で、東北大学だけでなく、石巻文化センター、奥松島縄文村歴史資料館、新潟大学医学部、国立科学博物館、それに東京大学総合研究博物館の資料も使わせてもらった。古代人骨は宮城県の仙台平野および山形県の飛島から出土したもので、時期は8世紀から10世紀にかけての成人11例である。飛島の人骨は鶴岡市致道博物館に収蔵されている。

江戸時代人骨は、北東北の青森県・岩手県・秋田県の遺跡から出土したもので、遺跡は概ね馬淵川と米代川以北の地域に分布している。保存状態のよい成人93例の人骨が資料として用いられたが、東北大学だけでなく、東京大学総合研究博物館、聖マリアンナ医科大学、岩手医科大学に収蔵されている人骨も使わせていただいた。

比較資料として、東日本縄文人、北海道アイヌ、関東地方の古墳時代人と江戸時代人、それに北部九州の弥生・古墳・江戸時代人の頭骨を用い、計測的分析と形態小変異の分析をおこなった。九州地方の頭骨データは、九州大学医学部解剖学第二講座（1988）が報告したものを部分的に引用した。計測的分析では、顔面平坦度計測を含めた18項目の計測値を使って、マハラノビスの距離にもとづいた分析と線形判別分析を試み、頭骨の形態小変異については、観察者間誤差が少なく、日本列島集団の分類に有効であることが知られている6項目（眼窩上孔・舌下神経管二分・横頬骨縫合痕跡・ラムダ小骨・顎舌骨筋神経管・内側口蓋管）を用いて、スミスの距離にもとづく分析をおこなった（川久保ほか、2009）。

マハラノビスの距離でもスミスの距離でも、縄文人に最も近いのは北海道アイヌであったが、東北地方の古墳時代人（計測的分析では古代人も含む）がそれに次いでおり、古墳時代でも江戸時代でも、九州→関東→東北→北海道アイヌ→東日本縄文人という明瞭な地理的勾配が観察された（図57）。同様の地理的勾配は、計測値による判別分析においても

第8章 東北地方にアイヌの足跡を辿る

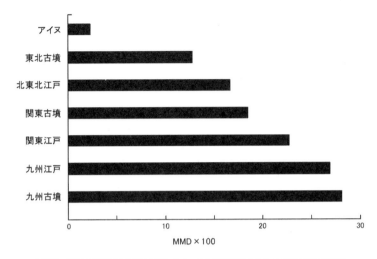

図57. 頭骨の形態小変異6項目にもとづく東日本縄文人からのスミスの距離
（目盛りはスミスの距離×100）

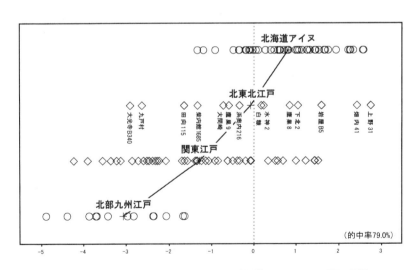

図58. 北海道アイヌと北部九州江戸時代人を判別集団とした、18項目の頭骨
計測値にもとづく北東北と関東江戸時代人の判別分析
（＋は重心を表す）

確かめられた（図 19 および図 58）。

　東北地方北部の古墳時代に相当する人骨はまだ見つかっていないので、調査することはできなかったが、当時この地方には北海道と共通する続縄文時代後半期の文化が広がっていたので、縄文・アイヌ系の人々が住んでいたことは容易に推測される。この地域に多く認められるアイヌ語地名は、このような人たちが残したものであろう。とすると、古墳時代の地理的勾配は、九州→関東→南東北→北東北→東日本縄文人（北海道アイヌの祖先）という図式になるはずである。

蝦夷の人種論争

　古代東北地方に「蝦夷」と表記して「エミシ」と呼ばれていた人々がいた。中央政府の直接的な支配が及んでいなかった在地の住民が、一括してそのように呼ばれていたようである。古代日本国の版図の拡大により、蝦夷の居住地区は徐々に北上し、7 世紀中頃には阿武隈川以北であったものが、8 世紀後半から 9 世紀の初めには盛岡市以北、9 ～ 10 世紀になると馬淵川以北の東北地方北部に限定されるようになる。11 世紀頃からは蝦夷がエゾと呼ばれるようになるが、この段階で蝦夷（エゾ）は北海道のアイヌまたはアイヌの祖先を指すようになったということで大方の意見の一致をみている（以上、工藤、2000 による）。

　古代蝦夷がアイヌであるか（アイヌ説）、あるいは辺境に住む日本人であるか（辺民説）という論争には長い歴史があるが、もともとこの論争の端緒は、日本民族生成論の一環として人類学者が開いたのだという。このような人類学的な蝦夷研究が、その後の歴史学、言語学、考古学、民族学などを巻き込んだ蝦夷論争に発展したようである。

　考古学者の工藤雅樹氏は、「東北の古代蝦夷とは、北海道の縄文人の子孫とともにアイヌ民族の一員になる道も開かれていたかもしれないが、いろいろな事情からアイヌ民族の一員となる道をとらずに、最終的には東日本日本人の一員に組み入れられた人たちである」と述べている（工藤、2000）。すなわち、古代蝦夷をアイヌか日本人（和人）かに分類す

第8章　東北地方にアイヌの足跡を辿る

ること自体に無理があるという意見である。

　これに対して同じく考古学者の松本建速氏は、「東北北部の蝦夷の多く
は古代日本国の複数の地域からの移住者で構成され、数の少なかった先
住の民はそれらの人々の文化に吸収されてしまった」と考えている（松
本、2006）。蝦夷日本人（和人）説と捉えてよいであろう。人骨こそ見つ
かっていないが、東北地方北部には北海道の続縄文土器が広く分布し、
アイヌ語地名が数多く残っているので、蝦夷観念が成立した7世紀中頃
以前のある時期に、縄文・アイヌ系の人々が住んでいたことは間違いな
いと思われる。松本氏のいう先住の民に相当する人々であろう。

　しかし前に述べたように、筆者らの研究により、古墳時代と江戸時代
の東北地方の住民の身体的特徴が、九州から北海道までの形質の地理的
勾配のなかに位置することが明らかになった。これにより、蝦夷論争の
主要な部分をなしている、古代蝦夷がアイヌか日本人（和人）か、とい
う設問自体がそれほど意味をなさなくなったのではないかと思われる（川
久保ほか、2009）。

　筆者らの研究の成果を、文献史学者の田名網宏氏が次のように適切に
言い表している。

　　北日本では、アイヌとの何ほどかの関係は何時の時代にはあったかも知れ
　ないと思う。しかし、奥羽北部をのぞいては、アイヌ人と見るよりは日本人
　と見るのが妥当であると考える。しかし、奥羽の北部を考えると、同じくエミ
　シ・エビスと稱されてはいても、かなりアイヌ的ではなかったかという感じを
　否むわけにはいかない。それも、アイヌといいきってよいか、アイヌとの混血
　を經た和人というべきか、それは明らかにはなし難い。

（田名網、1956）

3. 縄文人と本土の日本人

　筆者らの研究では、図 19 と図 57 に示したように、東北地方の古墳時代人が関東地方や九州の古墳時代人よりも東日本縄文人に近いという結果が得られた。また、図 58 に示したように、東北地方北部の江戸時代人も関東地方や九州の江戸時代人よりも北海道アイヌに近く、津軽海峡を境にしてアイヌと本州江戸時代人が明確に区別されるわけではないという結果も得られた。このような所見から判断すると、東北地方、とくに東北地方北部の住民にも、縄文人の身体的特徴がかなり濃厚に残されているのではないかと考えられる。

　ここで東北地方最北部にて発見された中世人骨についてひと言触れておきたい。遺跡は下北半島北東端にある東通村所在の浜尻屋貝塚で、14 〜 15 世紀前半に形成されたアワビを主体とした貝塚である。2002 年にこの貝塚遺跡から中世小児人骨 1 体が発見された。人骨は頭を北西に向けた横臥屈葬の状態で埋葬されており、年齢は 6 〜 7 歳と推定された。この小児人骨の歯を詳しく研究した東北大学の鈴木敏彦氏によると、歯の計測値からみると、この人骨がアイヌか中世本土日本人かを区別することはできなかったが、非計測的特徴では、上顎前歯のシャベル形質が弱いこと、下顎第 2 乳臼歯に middle trigonid crest がみられることは縄文・アイヌ的であり、浜尻屋人骨は少なくとも大陸渡来形質をもった本土日本人ではなく、北海道アイヌか、もしくは縄文・アイヌ的特徴を備えた本土日本人であろうとのことである（鈴木ほか、2004）。

　このような状況は東北地方に限ったことではなく、離島やいわゆる山間僻地など、大陸系の渡来形質の影響が及びにくかった地域にも当てはまるのではないかと思われる。たとえば北里大学の埴原恒彦氏は、東京から約 360km 南方に位置する孤島である青ヶ島住民の歯の形態的特徴を調べたが、全体としてみると青ヶ島島民は、沖縄島民およびアイヌとともに、縄文人にも近いことを明らかにしている（Hanihara, 1989）。

　第 1 章で述べたように、弥生時代や古墳時代にも、縄文人の血を引

第8章　東北地方にアイヌの足跡を辿る

く在来系住民が日本本土に居住していたことが知られているのであるから、東北地方または離島やいわゆる山間僻地といった特別な地域だけでなく、各地の本土日本人にも程度の差はあれ縄文人的特徴の痕跡が残っているはずである。

　ロシアの人類学者コジンツェフ氏は、頭骨の形態小変異のうち横頬骨縫合痕跡、眼窩下縫合II型、眼窩上孔の3項目を用い、独特の方法でモンゴロイド・縄文人示数という指標を計算し、縄文人的要素が北部九州・山口弥生人に25％以上、西日本古墳人に約32％、西日本現代人に約30％、江戸市中の江戸時代人に約20％、東京現代人に18％程度残存していると推定している（Kozintsev, 1990）。

　一方、本土日本人のミトコンドリアDNAの塩基配列を北海道アイヌ、琉球人、韓国人、および中国人と比較した国立遺伝学研究所の宝来聰氏は、本土日本人に約35％の縄文人的遺伝子が遺残していると推測している（Horai et al., 1996）。また札幌医科大学の松村博文氏は、歯の計測値を用いた判別分析で、日本列島の各時代の人骨が土着系あるいは渡来系のどちらのタイプに近いかを判定した結果、関東地方の江戸時代人と現代人に約25％の頻度で縄文人的特徴がみられると報告している（Matsumura, 2001）。

　これらの数値はあくまでも概算値であるが、もしそれが正しいとすれば、縄文系の形態的・遺伝的特徴は北海道のアイヌにだけではなく、本土の日本人にも20～30％の割合で残っているとみなすことができる。最近、縄文人骨からも信頼のおけるDNAが取り出せるようになったので（Adachi et al., 2009, 2011a；篠田、2014）、縄文人に特有のハプログループを正しく選別し、各地の本土日本人にそれがどのくらいの頻度でみられるのかを追跡していく地道な研究が必要であろう。

第9章 アイヌとその隣人たち

1. 思わぬ落とし穴

　2002年に北海道の続縄文時代人骨をまとめた論文を発表し、2007年度には東北地方の古墳時代と江戸時代の人骨を集成した論文の原稿を書き上げ、何も思い残すことなく2008年3月に東北大学を定年退職した。医学部の学生定員が増えて解剖学の教員が足りなくなったので、定年後もしばらくの間、1日4時間の時間雇用者として学生さんの解剖学実習を指導することになったが、時間的には相当ゆとりができた。そこで、落ち穂拾いのように、やり残した細かな仕事を小論文にすることや、これまでやってきた研究の成果を一冊の本にまとめるという計画をたてた。

　そんな折り、筆者の研究を一からやり直さなければならないような、アイヌの成立に関する研究成果が発表された。山梨大学の安達登氏と北海道大学の大学院生であった佐藤丈寛氏による、北海道の古人骨を用いたミトコンドリアDNAについての論文である。

　安達氏らは北海道縄文・続縄文人骨のミトコンドリアDNAを解析して、ハプログループN9bが圧倒的多数（60%以上）を占めることを明らかにした（安達ほか、2006；Adachi et al., 2011a）。その後、佐藤丈寛氏らはオホーツク人骨のミトコンドリアDNA解析をおこない、今度はハプログループY1が最も高頻度（43.2%）であることを示した（Sato et al., 2009）。現代北海道アイヌについては、総合研究大学院大学に在籍していた田嶋敦氏らの血液サンプルにもとづくデータが出されていたが（Tajima et al., 2004）、それによると、N9bが7.8%、Y1が19.6%の頻度で認められるという。安達氏はさらに、東北地方の縄文人と札幌医科大学に収蔵されている江戸時代のアイヌ人骨についてもミトコンドリアDNAの解析をおこない、図59に示したような結果を報告した（安達ほか、2009, 2013；

187

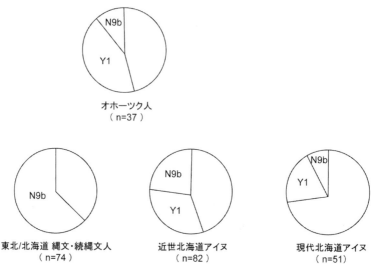

図59. 東北／北海道縄文・続縄文人、オホーツク人、近世北海道アイヌ、および現代北海道アイヌにおけるミトコンドリアDNAのハプログループN9bとY1の出現頻度の比較

Adachi et al., 2011b）。

　これによると、東北／北海道の縄文・続縄文人ではハプログループN9bが63.5％（74例中47例）で、ハプログループY1は出現しない。江戸時代北海道アイヌでは、N9bが23.2％（82例中19例）、Y1が32.9％（82例中27例）の頻度で観察され、現代北海道アイヌではN9bが7.8％（51例中4例）、Y1が19.6％（51例中10例）の頻度となり、N9bもY1も江戸時代よりは減少している。しかし、どちらにもハプログループN9bとY1が認められているのは確かである。N9bは縄文・続縄文時代からの継承とみなして差し支えないが、ではY1はどこからもたらされたがが問題になる。そこでオホーツク人のハプログループの頻度をみると、N9bが10.8％（37例中4例）、Y1が43.2％（37例中16例）となり、アイヌにもたらされたハプログループY1はオホーツク人に由来すると考えるのが自然である。

第9章　アイヌとその隣人たち

　そうすると北海道では、縄文・続縄文時代から江戸時代までの間にオホーツク人との混血があり、それによって近世北海道アイヌが成立したことになる。この研究成果は筆者にとっては衝撃であった。筆者らが先に結論した、"東日本縄文人→続縄文人→擦文人→北海道アイヌ"という単純な小進化モデル（Dodo and Kawakubo, 2002）は成り立たなくなるわけである。

　もともと筆者の研究の興味は、大陸渡来形質の侵入地域である北部九州を起点として、渡来形質の波がどのように東進したかという点に向けられていた。そうすると北海道は、北の最果ての地ということになる。ところが、日本列島集団の形成シナリオには複眼的な視点が必要であるという、国立科学博物館の篠田謙一氏らの主張を当然とするならば（篠田・安達、2010）、筆者には、北海道は津軽海峡を挟んで本州と連絡しているだけではなく、サハリン島を経て大陸北東アジアとも連なっているという視点が欠けていたことになる。

　この点を反省して筆者は、北海道を中心に据えて、北海道アイヌとその北と南の隣接集団との関係に焦点を絞った分析をおこなってみることにした。そんなわけで定年をすぎてからもなお、ねじり鉢巻きで北海道の研究をやり直すはめになったのである。

2. 東アジア・北東アジアにおける北海道アイヌ

　北海道アイヌの成立には、紀元5世紀から12世紀頃にかけて北海道のオホーツク海沿岸に展開したオホーツク文化を担った人々（オホーツク人）の遺伝的影響があったに違いないということは、すでに20年以上も前に、頭骨の形態を分析した山口敏氏や石田肇氏によって指摘されていた（山口、1981b；Ishida, 1988）。その後、計量遺伝学の理論を頭骨や歯の計測的分析に取り入れた研究によって、そのことがますます確からしいことが明らかにされ（近藤、2005；Hanihara et al., 2008）、先ほど述べたように、最終的には古人骨のDNA解析によって、オホーツク人の遺伝的

189

影響があったことが実証されたといってよい（安達ほか、2006；Sato et al., 2009；Adachi et al., 2011a）。

　筆者には、オホーツク人はアイヌとはまったく異質な外来集団であるという先入観があったが、北海道アイヌの成立に関しての最新の知見に鑑みて、琉球大学の石田肇氏、佐賀大学の川久保善智氏、それに聖マリアンナ医科大学の澤田純明氏（現在新潟医療福祉大学）に手伝ってもらって、北と南の隣接集団との関係に焦点を絞って、アイヌ頭骨の形態小変異の研究をやり直してみた（百々ほか、2012a, 2012b, 2013）。

　まず、東アジアと北東アジアの用語の問題であるが、分析対象となった集団の出自を勘案して、次のような簡単な地域区分を設定してみた。

　　北東アジア：バイカル湖から東に向かい、アムール川下流域を経て樺太（サハリン）に至る地域。
　　東アジア：アムール川以南の大陸中国、朝鮮半島、および日本列島を含む地域。

　分析には東アジアに属する日本列島由来の10集団、北東アジア由来の3集団の頭骨資料が用いられた。

　これまで北海道と東北・関東地方の縄文人を東日本縄文人として一括してきたが、今回の研究では、北海道と東本州（東北・関東）を分け、中国地方と九州から得られた縄文人骨を西日本縄文人とした。大陸系弥生人は、山口県の土井ヶ浜遺跡とその周辺遺跡から出土した人骨を一括して土井ヶ浜弥生人とし、福岡県金隈遺跡から出土した人骨を主体とした北部九州の弥生人をまとめて金隈弥生人とした。南東北の古墳時代人頭骨は宮城県と福島県の遺跡から得られたものであるが、総数が32例と少ないので、関東地方出土の古墳時代人頭骨と合わせて東本州古墳人とした。江戸時代人は、東京都深川雲光院跡で発掘された人骨を関東江戸時代人とし、青森・秋田・岩手各県の遺跡から出土した人骨を北東北江戸時代人と呼ぶことにした。北海道アイヌは北海道全域と国後島で収

集されたアイヌ人骨で、いわゆる小金井コレクションを主体とする。オホーツク人は、北海道のオホーツク海沿岸部のオホーツク文化の遺跡から発掘された人骨を一括した。

　樺太アイヌは樺太島の東海岸にあった栄浜に近い魯禮の墓地から発掘された人骨で、いわゆる清野コレクションを主体とした南樺太のアイヌ人骨である。北樺太のニブフは、言語学的にアムール川下流域のツングース系諸民族とは明らかに異なることが知られているが、頭骨の形態的特徴の上では、両者にほとんど違いがみられないことが報告されている（Ishida, 1990）。そこで、ニブフの頭骨が21例と少なかったので、アムール川下流域のツングース系集団（ウリチ・ナナイ・ネギダール・オロチ）と合わせて、アムール・ニブフとした。バイカル新石器時代人は、バイカル湖周辺の複数の遺跡から発掘された新石器時代から初期青銅器時代にかけての人骨で、約8000年前から4000年前の年代が与えられている。

　調査した頭骨数は、北海道縄文人70例、東本州縄文人181例、西日本縄文人82例、土井ヶ浜弥生人153例、金隈弥生人191例、東本州古墳人290例、関東江戸時代人194例、北東北江戸時代人81例、北海道アイヌ255例、オホーツク人112例、樺太アイヌ50例、アムール・ニブフ153例、バイカル新石器時代人81例である。以上述べた頭骨資料のうち、バイカル新石器時代人、アムール川下流域集団、およびニブフのデータは石田肇氏が収集し、それ以外のデータはすべて筆者が採取した。

　標本数が100例に満たない集団があるので、次に述べる9項目および20項目による分析では、形態小変異の出現頻度はいずれも側別集計にもとづいた。

9項目による分析

　バイカル新石器時代人とアムール・ニブフの形態小変異の"ある・なし"は石田肇氏が調査し、それ以外の集団については筆者が調べたので、最初に観察者間の誤差を考慮しなければならなかった。同じ基準で

"ある・なし"を判定しても、項目によっては観察者間で食い違いが生じてしまうのが形態小変異の弱点の一つである。そこで観察者間誤差が少なく、しかも集団を分類するのに有効であることが経験上わかっている、次の9項目の頭骨形態小変異を用いて分析を進めることにした。前頭縫合・眼窩上孔・ラムダ小骨・舌下神経管二分・翼棘孔・内側口蓋管・横頬骨縫合痕跡・床状突起間骨橋・顎舌骨筋神経管である。集団間の親疎関係の推定には通常通りスミスの距離を用い、スミスの距離にもとづく集団間の相互関係は主座標分析によって図示した。

主座標分析の結果を図60に示したが、情報量の多い横軸（寄与率67.6％）についてみると、オホーツク人を中心にして、右側に北海道アイヌと北海道・東本州・西日本の縄文人が位置し、左側にバイカル新石器時代人、アムール・ニブフ、樺太アイヌといった北東アジア集団、それに土井ヶ浜や金隈に代表される大陸系の弥生人、東本州古墳人、関東や北東北の江戸時代人といった日本本土集団が位置している。縦軸（寄与率

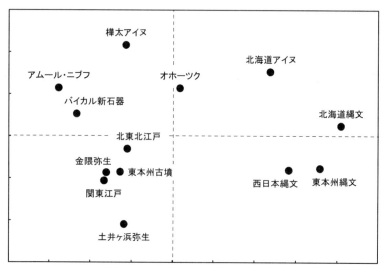

図60. 頭骨の形態小変異9項目にもとづいたスミスの距離を主座標分析して、各集団を2次元平面に布置した

18.4%）についてみると、北海道や北東アジア集団のような北方系集団が図の上方に、本土集団のようにより南に居住する集団が図の下方に布置されている。

北海道アイヌからみると、北海道縄文人とオホーツク人が最も近く、バイカル新石器時代人やアムール・ニブフ、それに土井ヶ浜弥生人が最も離れている。居住地が同じ北海道である北海道アイヌ、北海道縄文人、およびオホーツク人が相互に近い関係にあるのは理解できるが、同一民族集団である北海道アイヌと樺太アイヌが、北海道アイヌとオホーツク人の距離よりも離れてしまうのが予想外の結果であった。

20 項目による分析

頭骨の形態小変異 9 項目にもとづいた分析結果が、20 項目を用いた分析でも再現されるかどうかを検証してみた。20 項目はすべて筆者自身が調査したものであるが、最初の頃は頸静脈孔二分と上矢状洞溝左折は調査していなかったので、表 6 に示した 22 項目からこの 2 項目を除いた。分析対象集団は、9 項目のときに用いた 13 集団からバイカル新石器時代人とアムール・ニブフを除外し、頭骨総数が 30 例と数は少ないが、北海道アイヌの成立史を復元する上で重要な位置を占めている、北海道の続縄文人を加えた 12 集団である。分析方法は 9 項目のときと同様である。

まず北海道アイヌからのスミスの距離を図 61 に示した。北海道アイヌからのスミスの距離が 0.0181 の続縄文人が北海道アイヌに最も近く、オホーツク人が 0.0233 でこれに続く。北海道縄文人（0.0394）、東本州縄文人（0.0402）、西日本縄文人（0.0413）、それに樺太アイヌ（0.0413）はほぼ同距離でオホーツク人に続いている。以下東本州古墳人（0.0577）、北東北江戸時代人（0.0620）、関東江戸時代人（0.0708）、金隈弥生人（0.0713）の順に徐々に北海道アイヌからの距離が離れてゆき、土井ヶ浜弥生人（0.0790）が最も離れる。

東北地方の古墳文化が北海道に波及し擦文文化の成立に寄与したことは、考古学的な研究が明らかにするところであり（石附、1986；上野、

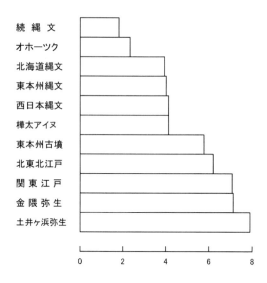

図61．頭骨の形態小変異20項目にもとづいた北海道アイヌからのスミスの距離
（目盛りはスミスの距離×100）

1992；中田、2004；瀬川、2007など）、形質人類学的にも東北地方の古墳時代人が、九州や関東地方の古墳時代人よりも、縄文・アイヌ的であることが報告されている（川久保ほか、2009）。しかし、彼らが北海道アイヌの身体的特徴に及ぼした影響はそれほど大きなものではなく、むしろ続縄文人やオホーツク人、それに北海道や本土の縄文人の影響の方がずっと大きかったことを、スミスの距離は物語っている。

　続縄文人が北海道アイヌに最も近いことは、筆者らの2002年の研究結果からみても予想された通りであるが、オホーツク人がそれに次いでいることは、形態学的にみるとやや意外であった。しかし前に述べたように、DNA解析は近世アイヌの成立にはオホーツク人が強く関与したことを明らかにしており、この研究の結果はそれと矛盾するものではない。オホーツク人は、同じ北海道内で数百年にわたって北海道の続縄文時代人や擦文時代人と並存し、しかも最終的には北海道アイヌの直接の祖先

第9章　アイヌとその隣人たち

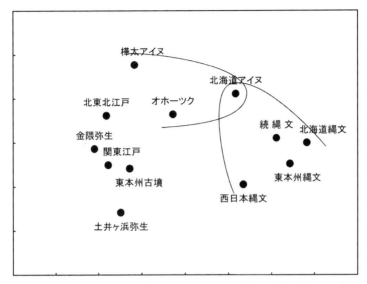

図62. 頭骨の形態小変異20項目にもとづいたスミスの距離を主座標分析して、各集団を2次元平面に布置した
（北海道アイヌと密接に関連していると考えられる集団を二つの放物線で囲った）

とみなしてよい擦文人に吸収されてしまうのであるから（菊池・石附、1982；天野、2003；大西、2009など）、北海道アイヌにそれ相応の遺伝的な影響を与えたことは間違いない。

　20項目にもとづくスミスの距離に対して主座標分析をおこない、それをもとにして描いた集団間の相互関係を図62に示した。結果は9項目にもとづいた関係図とほとんど変わるところがなく、オホーツク人を中心にして、右側に北海道アイヌ、続縄文人、北海道・東本州・西日本の縄文人が位置し、左側に樺太アイヌ、それに土井ヶ浜や金隈に代表される大陸系の弥生人、東本州古墳人、関東や北東北の江戸時代人といった日本本土集団が位置している。

　この図では、図61に示したスミスの距離を参考にして、北海道アイヌと密接に関連していると考えられる集団を二つの放物線で囲ってみた。

一つは北海道アイヌ、続縄文人、北海道・東本州・西日本の縄文人を含み、もう一つは北海道アイヌ、オホーツク人、樺太アイヌを含んでいる。これまでの多くの研究が明らかにしてきたように、北海道アイヌと縄文人が形態学的に類似するという結果がここでも認められており、北海道や本州の縄文人が北海道の続縄文人を経て、北海道アイヌに連続的に移行していく過程が示されている。しかしその一方、最近のDNA解析が明らかにしたように、北海道アイヌの成立には、オホーツク人の遺伝的影響も深く関与していることもまた示されている。

　9項目による分析と同様、20項目の分析でも予想外の結果は、同じ民族である北海道アイヌと樺太アイヌが、北海道アイヌとオホーツク人の距離よりも離れてしまうことである。

3．アイヌの地域差の程度

北海道アイヌと樺太アイヌ

　頭骨の形態小変異を指標にすると、北海道アイヌと樺太アイヌがかなり大きく離れてしまうという結果の真偽を確かめるために、アイヌの地域差の程度を調べてみることにした。第2章で述べたように、頭骨の計測的特徴からみたアイヌの地域差については、伊藤昌一氏（1967）や山口敏氏（1981b）の先駆的な研究があるが、地域差の程度がどの位のものであったかについての研究はこれまでなされてこなかった。そこで日本本土の現代人と琉球諸島の近世人を比較集団として、アイヌの地域差の大きさの程度を頭骨の形態小変異を用いて分析してみた。

　まず図63に示したように、北海道を3地域に分割した。

　北海道南西部：石狩・苫小牧低地帯とその西側の地域で、ここは縄文時代以来しばしば、東北地方北部と共通の文化圏を形成していた地域である。

　北海道北東部：オホーツク文化が広がった地域で、西は礼文島・利尻

第9章　アイヌとその隣人たち

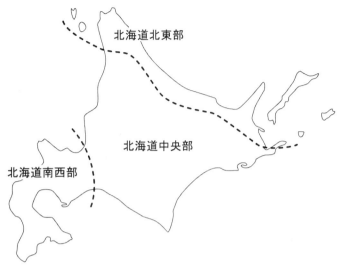

図63. 北海道の3地域区分

　島から東は根室半島・国後島に至るオホーツク海沿岸に面する一帯である。

　北海道中央部：北海道南西部と北東部以外の地域で、日高・十勝・釧路地方と留萌地方からなる。

　分析に用いたアイヌの頭骨数は、北海道南西部76例、北海道中央部100例、北海道北東部79例で、樺太アイヌは50例である。千島アイヌの頭骨は調査することができなかった。

　比較集団資料として、東北現代人85例、関東現代人95例、九州現代人151例の本土日本人頭骨と奄美諸島近世人146例、沖縄諸島近世人131例、先島諸島近世人158例の琉球人頭骨を用いた。頭骨の形態小変異は筆者自身が調査した20項目で、出現頻度は側別に集計した。集団間の距離の算定にはこれまで通りスミスの距離を適用し、集団間の相互関係は主座標分析によって図化した。

197

スミスの距離にもとづいた、アイヌ4集団と本土日本人3集団、それに琉球人3集団相互の関係は図64に示した。アイヌでは、北海道アイヌ3地域集団から樺太アイヌが大きく離れ、北海道内では、道北東部アイヌが道中央部アイヌと道南西部アイヌからやや離れている傾向が読み取れる。北海道3地域集団の広がりは、東北・関東・九州の本土現代人3集団、あるいは奄美・沖縄・先島の琉球近世人3集団の広がりとほぼ同程度であるように見て取れる。北海道アイヌと樺太アイヌの距離は、本州・九州・琉球諸島の6地域集団間の最大距離より幾分大きいように見受けられる。

　スミスの距離そのものでみてみると、北海道アイヌでは、道中央部と道北東部のアイヌの距離が最も大きく（0.0211）、本土集団では関東と九州の距離が最も大きい（0.0147）。琉球人集団では奄美と沖縄の距離が最大である（0.0129）。スミスの距離の平均値を求めてみると、北海道アイ

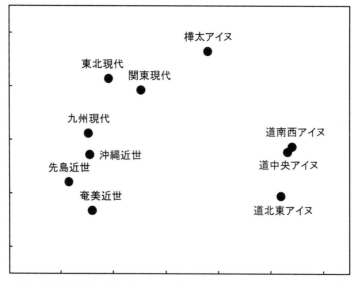

図64. 頭骨の形態小変異20項目にもとづいたスミスの距離を主座標分析して、アイヌと本土日本人、および琉球諸島人各集団を2次元平面に布置した

第9章　アイヌとその隣人たち

ヌ3地域集団相互の平均距離（0.0109）は、本州・九州の現代人3集団の平均相互距離（0.0093）よりわずかに大きいが、ほとんど変わらないとみなしてもよさそうである。それに対して琉球諸島の3集団は、奄美・沖縄間を除いて相互距離は著しく小さく、平均距離（0.0073）も北海道アイヌ3地域集団の平均距離（0.0109）よりもかなり小さい。したがって頭骨の形態小変異からみる限り、北海道アイヌ3地域集団の地域差の程度は、琉球諸島近世人3集団の地域差よりはかなり大きいが、東北・関東・九州の現代人3集団の地域差の程度とほぼ同じか、あるいはそれをやや上回るとみなしておけばよさそうである。

　北海道アイヌ3地域集団からの樺太アイヌのスミスの距離の平均値（0.0435）は、北海道アイヌ3地域集団の平均距離（0.0109）の約4倍にもなり、本州と琉球諸島集団間で最も距離の離れる関東と奄美の距離（0.0340）よりもさらに大きくなる。すなわち、樺太アイヌと北海道アイヌのスミスの距離は、北海道アイヌ地域集団の相互距離よりはるかに大きく、本土集団と琉球諸島集団との距離よりもかなり大きいといってよさそうである。

　ここで、形態小変異を指標にした地域差の評価が当を得たものであるかどうかを確かめるために、18項目の男性頭骨計測値を用いて、各集団間のマハラノビスの距離を求めてみた。マハラノビスの距離でも、北海道アイヌ3地域集団間の平均距離（1.79）は、琉球諸島近世人3集団間の距離の平均値（1.18）より大きく、東北・関東・九州の現代人3集団間の距離の平均値（1.81）とほぼ同等であった。北海道アイヌ3地域集団では、スミスの距離と同様、道南西部アイヌと道中央部アイヌ間にはほとんど差がみられなかったが、道北東部アイヌはこの2地域集団からやや離れていた。樺太アイヌは北海道アイヌから遠く離れ、樺太アイヌと北海道アイヌ3地域集団との平均距離（11.51）は、北海道3地域集団間の距離の平均値（1.79）の6倍を超えるほど大きかった。

　このように、頭骨の形態小変異にもとづくスミスの距離と頭骨の計測値にもとづいたマハラノビスの距離には多少の違いもみられたが、北海

図65. 樺太アイヌ男性の肖像写真

道3地域集団の相互距離に比べて、樺太アイヌと北海道アイヌの距離が著しく大きいという点では、スミスの距離とマハラノビスの距離はほぼ完全に一致した。このような結果から判断すると、北海道アイヌと樺太アイヌの頭骨の形態的特徴にかなり大きな違いがあることは、まぎれもない事実であると考えて差し支えないと思われる。

図65に樺太アイヌの男性の肖像写真を示した。ひげが濃い、鼻が高いなど北海道アイヌと共通する特徴も多くみられるが、顔がやや面長で、眼が奥まっていない点は北海道アイヌとは異なる。さらに、樺太アイヌの顔立ちを全体として見ると、北海道アイヌよりもかなり平坦であるように思われる。

東アジア・北アメリカとアイヌ

最後に、アイヌの地域差が、日本列島、大陸東アジア、北アメリカ集

第9章 アイヌとその隣人たち

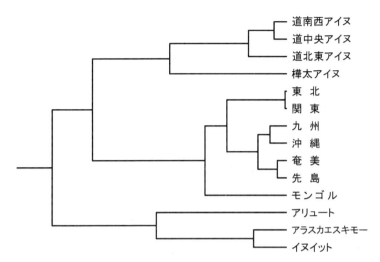

図66. アイヌと日本列島を含む東アジア、および北アメリカの14集団について、頭骨の形態小変異20項目にもとづいたスミスの距離をクラスター分析した図

団と比較した場合、どの程度のものであるかを、頭骨の形態小変異を指標にして検討してみた。比較した集団は、先ほど述べた日本列島の10集団に、モンゴル人、アリュート、アラスカエスキモー、イヌイット（カナダエスキモー）の4集を加えた14集団である。ここでも形態小変異は20項目を用いたが、データの収集はすべて筆者がおこなった。形態小変異の出現頻度は側別集計である。

　各集団間のスミスの距離を計算し、それにもとづいたクラスター分析の結果を図66に示した。アイヌ集団（道南西部アイヌ・道中央部アイヌ・道北東部アイヌ・樺太アイヌ）、東アジア集団（東北現代人・関東現代人・九州現代人・沖縄近世人・奄美近世人・先島近世人・モンゴル人）、および北アメリカ集団（アリュート・アラスカエスキモー・イヌイット）がはっきりと別れている。樺太アイヌと北海道アイヌとの距離（平均距離0.0435）は、東アジアの集団間のいずれの距離よりも大きいが、アリュートとエスキモー／イヌイットとの距離（平均距離0.0484）よりわずかに

小さい。

エスキモーとアリュートは Eskaleutian という語族を構成し、もともとは同一集団から派生したが、すでに 9000 年〜4000 年前頃から別々の民族としての道を歩んできたといわれている（Laughlin, 1981；Dumond, 1987；Ossenberg, 1994）。頭骨の形態小変異からみると、樺太アイヌと北海道アイヌの間にアリュートとエスキモー／イヌイットに匹敵するほどの違いがみられるので、樺太（サハリン）と北海道のアイヌの関係については、言語学的、民族学的、考古学的、あるいは人類学的に、なお詳細な検討が必要ではないかと思われる。

形質人類学的には、北海道大学の児玉作左衛門氏（Kodama, 1970）が主張するように、樺太アイヌは、同じく樺太に居住していたギリヤーク（ニブフ）やオロッコ（ウイルタ）と混血していたと考える向きが多い。筆者の見解では、それに加えて、オホーツク人との関係を抜きにして、樺太アイヌと北海道アイヌを語ることができないと思われる。この点については、次節でもう少し詳しい考察をすることにする。

4．アイヌとオホーツク人

形態小変異と計測値による分析

縄文人、とくに北海道の縄文人が続縄文人をへて北海道アイヌに連続的に移行していくこと、また近世北海道アイヌの成立にはオホーツク人の遺伝的影響も深く関与したこと、さらに樺太アイヌは、北海道アイヌの地域差の程度を大きく超えて、北海道アイヌから遠く離れてしまうことは、すでに述べた通りである。頭骨の形態小変異を指標にすると、樺太アイヌよりもオホーツク人の方が北海道アイヌに近いという結果が、琉球大学の米須敦子氏らによってすでに報告されている（Komesu et al., 2008）。

そこで筆者らは、北海道と樺太（サハリン）を居住地としていた北海道アイヌ、樺太アイヌ、それにオホーツク人の関係をさらに詳しく調べ

るために、頭骨の形態小変異と計測値にもとづく分析をおこなってみた。

　形態小変異の研究に用いた資料は、北海道アイヌ255例、樺太アイヌ50例、オホーツク人112例で、比較集団としては、北海道縄文・続縄文人98例、アムール・ニブフ153例、バイカル新石器時代人81例を使用した。北海道の縄文人と続縄文人の間には、形態小変異の出現頻度すべてに有意差がなかったので、今回は両者を併せて北海道縄文・続縄文人とした。バイカル新石器時代人とアムール・ニブフのデータは石田肇氏が採取したので、観察者間誤差を最小にするために、今回も比較する形態小変異は9項目とした。集計方法も側別集計でおこない、集団間の距離はこれまでどおりスミスの距離として、集団相互の関係は主座標分析で図化した。

　計測的研究では、北海道アイヌとアムール川下流域集団に対して、樺太アイヌ、オホーツク人、それにニブフがどのように位置づけられるかを調べるために、北海道アイヌを第1群、アムール集団を第2群として、18項目の男性頭骨の計測値を用いた判別関数を作成し、樺太アイヌ、オホーツク人、およびニブフの各個体の判別をおこなってみた。ニブフも18項目の計測値がそろった頭骨が10例あったので、アムール集団から独立させて判別分析を試みた。計測値18項目が全部そろった頭骨数は、北海道アイヌ58例、樺太アイヌ18例、オホーツク人27例、ニブフ10例、アムール下流域集団49例であった。

　スミスの距離を主座標分析して、1軸（寄与率84.6%）に沿って各集団を布置したのが図67である。図の最も右側に位置するのが北海道縄文・続縄文人で、北海道アイヌがそれよりやや左側に寄っている。アムール・ニブフとバイカル新石器時代人は図の最も左側に寄り、相互にきわめて近くに位置している。オホーツク人は縄文・続縄文人とバイカル新石器時代人のほぼ中央で、ややバイカル新石器時代人側に位置し、樺太アイヌはオホーツク人よりもさらにバイカル新石器時代人とアムール・ニブフ集団に近づいている。この図では北海道アイヌと樺太アイヌの間にオホーツク人が布置されている点が注目される。

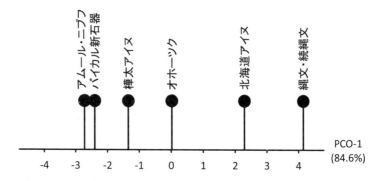

図67. 頭骨の形態小変異9項目にもとづいたスミスの距離を主座標分析して、1軸に沿って各集団を布置した

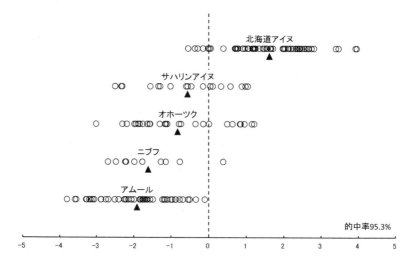

図68. 北海道アイヌとアムール集団を判別集団として、頭骨計測値18項目にもとづく判別分析をおこない、サハリン（樺太）アイヌ、オホーツク人、およびニブフの各個体の判別得点をプロットした
（▲は各集団の重心）

第 9 章　アイヌとその隣人たち

　北海道アイヌを第 1 群、アムール川下流域集団を第 2 群として、頭骨計測値 18 項目にもとづいた判別分析の結果を図 68 に示した。北海道アイヌとアムール集団の全個体のうち、それぞれの集団に正しく判別された個体の割合（的中率）は 95.3% であった。形態小変異を指標にした場合と多少異なり、計測値による分析では、樺太アイヌの方がやや北海道アイヌに近いようである。すなわち、北海道アイヌに判別される個体は、樺太アイヌが 18 例中 7 例（38.9%）で、オホーツク人が 27 例中 8 例（29.6%）である。しかし、樺太アイヌの約 60% がアムール集団に判別されている点、ならびにオホーツク人の約 30% が北海道アイヌに判別されている点は注目してよい結果であろう。ニブフは 10 例中 1 個体のみが北海道アイヌに判別されるだけで、やはりアムール川河口集団と近い関係にあることがわかる。

オホーツク人と北海道アイヌ

　紀元 5 世紀頃から 12、13 世紀に、サハリン南部からオホーツク海沿岸部を経て千島列島に及ぶ地域に展開したオホーツク文化は、学史的にみても北海道在来の文化とは異質な北方的な色彩の強い文化と捉えられており（大井、1982）、その文化を担った人たちの身体的特徴も、日本石器時代人、現代本土日本人、アイヌなどと著しく異なっていると認識されてきた（児玉、1948；伊藤、1949）。北海道大学の児玉作左衛門氏は、モヨロ貝塚からオホーツク人を発見した当初から、これらの人々はアリューシャン列島に住むアリュートに近い種族であると考えていたが（児玉、1948）、現在はその学説は否定され、その原郷をアムール川下流域に住む先住民やサハリンに住むニブフなどに求める見解が定説となっている（山口、1974, 1981b；菊池、1978；Ishida, 1996；Kozintsev, 1992）。

　アイヌとは著しく異なった人々であるとみなされてきたオホーツク人であるが、その身体的特徴を最初に報告した児玉作左衛門氏の著書に見すごしてはならない記載があるので、その部分を原文のまま引用してみる。

205

モヨロ貝塚に住んだ民族の人類學的特徵と、それがアレウトへの近似性は以上述べた通りであるが、この貝塚から發掘された骨骼の全部が皆この型のものだというわけではない。これは計測し得た成年頭蓋骨の約半數に少し足りない數に過ぎない。殘りの半數の中には確かにアイヌ的な特徵をもっているものが少し混じって居り、他はこれらの混合型と見るべきものである。そこで計測學上並に形態學上からこゝに三つの型を區別することが出來る。即ち第一型はアレウト型、第二型はアレウトとアイヌの混合型、第三はアイヌ型である。

（兒玉、1948）

　図69に示した、兒玉氏がアレウト型とした典型的なオホーツク人頭骨はモヨロ貝塚人の約半數にすぎず、殘りの半數はアイヌとの混合型、あるいはアイヌ型なのである。
　このことはモヨロ貝塚においては、オホーツク人とアイヌの混血がかなり進んでいたことを物語っているが、オホーツク人と北海道アイヌの祖先の人的交流を示唆する事例は、すでに幾つか報告されている。オ

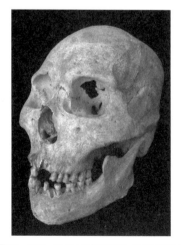

図69. オホーツク人男性の頭骨（モヨロ貝塚）

ホーツク文化の墳墓からアイヌ的、あるいは続縄文人的な特徴を備えた人骨が発掘された例が、枝幸町目梨泊遺跡と奥尻島青苗砂丘遺跡で知られている（石田、1988；松村・Hudson、2003）。また1966年に、北海道大学文学部北方文化研究施設が実施した稚内市オンコロマナイ貝塚の発掘調査で、オホーツク文化のものと推定される墳墓4から西頭位・仰臥伸展葬で発見された女性人骨（大井、1973）は、筆者らの分析によれば明らかに続縄文人的であった。

　これとは逆に、続縄文人にオホーツク人の遺伝的影響が及んでいたことを示唆する事例も報告されている。積丹半島の茶津4号洞穴遺跡から出土した続縄文時代の人骨の歯を分析した札幌医科大学の松村博文氏によれば、7例中5個体がオホーツク人に判別され（Matsumura, 2001）、さらに、室蘭市絵鞆遺跡出土の人骨を調査した北海道大学の大場利夫氏らによれば、続縄文時代の熟年男性頭骨にはオホーツク系人骨に類似する特徴が認められるとのことである（大場ほか、1978）。

　人骨ではないが、ヒグマ遺存体の古代DNA分析からも、北海道大学の増田隆一氏らによって、オホーツク人と北海道続縄文人との交流の実態が明らかにされている（Masuda et al., 2001；増田ほか、2002）。増田氏らの論文を要約すると次のようになる。「礼文島香深井1遺跡から出土した、オホーツク文化期のヒグマ12頭のミトコンドリアDNA分析をおこなったところ、幼獣3頭が道南タイプの遺伝子配列パターンを示した。このことは、北海道南部（積丹半島の付け根付近から支笏湖の周辺）の続縄文人が、捕獲した子グマを礼文島のオホーツク人集団に贈ったことを物語っている。オホーツク文化圏と続縄文文化圏の古代人集団が子グマに対する価値観を共有していたので、このような贈与が成立したのであろう。」

　以上述べたような所見から判断すると、オホーツク文化が擦文文化へと変容していく途上にある10世紀頃から12、13世紀にかけてのトビニタイ文化期などを除いて、これまでもっぱら異質性が強調されてきたオホーツク文化・オホーツク人と北海道在来の続縄文文化・擦文文化とそ

の担い手たちとの間には、予想以上の文化的・遺伝的な交流があったのではないかと推測される。海洋民とされるオホーツク人と彼らの住居内に形成された骨塚のクマ頭骨の関係はあまりにもよく知られているが、オホーツク人にクマを贈ったのは、続縄文人や擦文人ではなかったかと筆者は考えている。

　ここで、オホーツク人の成立過程に目を転じてみる。オホーツク文化に先行する文化は樺太南部の鈴谷式土器文化であるが、鈴谷式土器は、大陸系の櫛目文系土器と北海道北東部の続縄文土器である縄線文系土器が融合して形成されたものであると考えられている（菊池、1971；前田、2002；福田、2010など）。この鈴谷式土器文化をオホーツク文化のはじまりとみなす考えもあるが（菊池、1978；前田、2002）、最近では、後続する十和田式土器文化をオホーツク文化のはじまりとみなすのが一般的なようである（天野、2003；右代、2003；熊木、2003など）。しかし、十和田式土器は鈴谷式土器の系統を引き継いだものであるという意見が大勢を占めている。

　ここで人骨からオホーツク人の成り立ちを推測する一つの試みとして、以下のような分析をおこなってみた。鈴谷式土器の成立過程と同様に、南下したアムール川下流域の集団の祖先と北上した北海道の縄文・続縄文人が樺太の南部で融合して、オホーツク人の祖先である鈴谷式土器人になったと仮定する。石田肇氏の研究（Ishida, 1995）や筆者らの分析で明らかになったように（図67）、アムール川下流域集団とバイカル新石器時代人はきわめて近い関係にあるので、バイカル新石器時代人をアムール川下流域の住民の祖先集団と考える。

　形態小変異9項目の出現頻度を、北海道縄文・続縄文人、オホーツク人、およびバイカル新石器時代人の間で比較した結果を図70に示した。ただし略号METは前頭縫合、SOFは眼窩上孔、OLはラムダ小骨、HGCBは舌下神経管二分、PSFは翼棘孔、MPCは内側口蓋管、TZSは横頬骨縫合痕跡、CLBは床状突起間骨橋、MHBは顎舌骨筋神経管を表す。この図から明らかなように、HGCB（舌下神経管二分）を除いた8

第9章 アイヌとその隣人たち

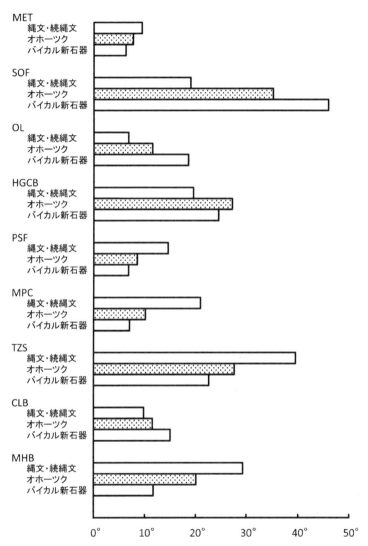

図70. 北海道縄文・続縄文人、オホーツク人、およびバイカル新石器時代人における頭骨形態小変異9項目の出現頻度の比較
　　（出現頻度は逆正弦変換により角度に直してある）
　　MET（前頭縫合）、SOF（眼窩上孔）、OL（ラムダ小骨）、HGCB（舌下神経管二分）、PSF（翼棘孔）、MPC（内側口蓋管）、TZS（横頬骨縫合痕跡）、CLB（床状突起間骨橋）、MHB（顎舌骨筋神経管）

項目のすべての出現頻度で、オホーツク人は、北海道縄文・続縄文人とアムール川下流域集団の祖先と仮定したバイカル新石器時代人のほぼ中間の値を示している。この結果は、オホーツク人の祖先がアムール川下流域集団の祖先と北海道縄文・続縄文人との融合によって形成されたという、前述した仮定と矛盾はしない。

前に述べたように、オホーツク人の由来はアムール川下流域のウリチやナナイ、ないしサハリン北部のニブフに求める考えがほぼ定説となっているが、それに加えて、北海道の縄文・続縄文人もオホーツク人の成立に"いくらか"は関わっていた可能性があることを、この分析の結果は示している。北海道縄文・続縄文人に非常に多いミトコンドリア DNA のハプログループ N9b が、オホーツク人にも 10.8％の頻度で観察されるのも、このような関わりに起因しているのかもしれない。

オホーツク人と樺太アイヌ

頭骨の形態小変異 9 項目を用いた分析では、図 67 に示したように、オホーツク人と樺太アイヌが近い関係にあることがわかる。両集団間のスミスの距離は 0.0124 で、5％水準で有意ではない。オホーツク人が北海道アイヌよりも樺太アイヌに近いという結果は、従来の頭骨や歯の計測的分析や形態小変異の分析からも得られている（Ishida, 1996；Shigematsu et al., 2004；Matsumura et el., 2009）。このような相互関係が生じた理由として、琉球大学の石田肇氏は次のように考察している（石田、1996b）。「オホーツク文化人とは、サハリン、アムール川河口付近の人々がいくらか北海道アイヌの祖先の影響を受けた人々、サハリン・アイヌは、サハリンへ渡った北海道アイヌの祖先がかなり、オホーツク文化人ないしサハリン、アムール川河口付近の人々の影響を受けて成立した集団と考えていいのでないだろうか。」

上に述べた見解から判断すると、オホーツク人と樺太アイヌは、密接に関連した集団ではないかという可能性が浮上してくる。樺太アイヌがオホーツク人の遺伝子を相当に強く受け継いでいたということは十分考

えられ、樺太に進出した初期のアイヌ民族、あるいはその直接の祖先が、南樺太に生き長らえていたオホーツク人を吸収し、樺太アイヌが形成されたのであろうか。同様の主張はすでに、北海道大学の大井晴男氏（1985）によってなされている。

5．樺太アイヌと北海道アイヌ

　頭骨の形態小変異 9 項目にもとづいたスミスの距離では、樺太アイヌはオホーツク人以上に北海道アイヌから離れ、アムール・ニブフやバイカル新石器時代人に近くなっている（図 60、図 67）。頭骨の計測値 18 項目を用いた判別分析では、樺太アイヌの 18 例中 7 例（38.9%）が北海道アイヌに判別されるのに対して、18 例中 11 例（61.1%）がアムール川河口集団に判別され、全体としてみると、樺太アイヌはアムール集団に近い（図 68）。石田肇氏も 22 項目の頭骨の形態小変異を用いて、樺太アイヌがアムール川河口集団やバイカル新石器時代人に近くなることを報告している（Ishida, 1995）。

　北海道のアイヌが樺太に進出したのは 13 世紀中葉（菊池、1978；榎森、1992）、あるいは 14 世紀以降（大井、1985）で、それまで樺太南部はオホーツク人の世界であったと考えられてきた。しかし最近、サハリン（樺太）でも、それまでは出土しないとされてきた擦文土器が発見され、さらにサハリンのオホーツク住居の中に、擦文住居の特徴であるカマドをもつものの存在が確認されるようになってきた（瀬川、2007）。このことから旭川市博物館の瀬川拓郎氏は、11 世紀以降、道北日本海沿岸の擦文人が中心になって樺太に渡海し、集落を設けていた可能性を主張している。もし北海道からの渡海が擦文時代まで遡るのであれば、樺太に渡った擦文人が終末期のオホーツク人を同化・吸収し、13 世紀には樺太アイヌの祖型が成立していた可能性を考えなければならない。とすると、中国の文献史料に現れる、13 世紀に元と戦ったアイヌは、樺太アイヌの祖先ということになりそうである。

樺太アイヌの祖型集団の形成過程が概ねこのとおりであったとしても、最終的に近世の樺太アイヌが成立するには、単に北海道アイヌの祖先とオホーツク人の混血だけでは説明のつかないことを、頭骨の形態小変異のデータは示している。最も顕著な例として、横頬骨縫合痕跡の出現頻度が挙げられる。この形態小変異の出現頻度は、

北海道アイヌ	70/308	(22.7%)
オホーツク人	29/135	(21.5%)
樺太アイヌ	6/71	(8.5%)
アムール・ニブフ	30/262	(11.5%)

となり、樺太アイヌの出現頻度が、アムール・ニブフ同様、相当に低い。

　このことから考えると、13世紀にはオホーツク人の遺伝子を取り込んだことによって成立した樺太アイヌの祖型をなす集団は、多くの研究者が主張するように（Kodama, 1970；Kozintsev, 1990；Ishida, 1995；Hanihara et al., 2008 など）、その後さらに、樺太北部を居住地としていたニブフ（ギリヤーク）をはじめ、アムール側下流域の諸集団と遺伝子の交流を続けていたのであろう。樺太アイヌの成立に関してもう少し踏み込んだ議論をするためには、近世北海道アイヌについておこなったように（Adachi et al., 2011b；Adachi, 2013；安達ほか、2013）、樺太アイヌ人骨についても、DNAの解析がなされることが期待される。

　筆者らの研究成果から推測される、北海道アイヌ、オホーツク人、樺太アイヌの成り立ちの模式図を図71に描いてみた。矢印はヒトの動き、または遺伝子の動きを表している。

第9章　アイヌとその隣人たち

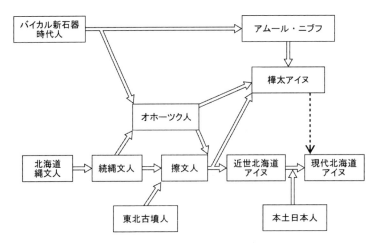

図71．北海道アイヌ、オホーツク人、および樺太アイヌの成り立ちを示す模式図
　　　（矢印はヒトの動き、または遺伝子の動きを表す）

終章　アイヌと縄文人骨研究の今後

1．研究の限界

　筆者は過去 40 年以上にもわたって、愚直に頭骨の形態小変異の研究を
続けてきた。そして、縄文人、アイヌ、本土日本人、琉球人などの成り
立ちについての考察を試みてきた。人類学でいう系統論である。

　しかし、その根拠となったのは、形態小変異の出現頻度の類似の程度
である。日本本土では弥生時代から現代までの約 2000 年間、頭骨の形
態小変異の出現パターンにほとんど変化がみられなかったこと、あるい
は多くの形態小変異がすでに胎生期に発現していたことなどに鑑みて、
頭骨の形態小変異の発現には遺伝的因子が多分に関与しているであろう
という仮定にもとづいて系統論を展開したのである。短頭化や高顔化と
いった時代的な変化が著しい頭骨の計測的特徴よりは優っているとは思
うが、形態小変異といっても所詮は形態的特徴である。その発現に際し
ては、多かれ少なかれ環境の影響を受けていることは間違いない。であ
るから、形態小変異の出現頻度の類似の程度が、集団間の系統関係を正
しく表しているという保証はない。そこが形態的特徴にもとづいた系統
論の弱点である。

　この弱点を補うために、最近、遺伝子頻度モデルを計測的特徴に応
用する方法が開発された。Relethford-Blangero 法（Relethford and Blangero,
1990）といって、遺伝子頻度データにもとづく Hapending-Ward モデルを
生体計測値などの量的形質に発展させたものである。わが国には東京大
学の近藤修氏が最初に導入したが（近藤、2005）、その後北里大学の埴原
恒彦氏と琉球大学の石田肇氏らが、この方法を用いて積極的に論文を書
いている（Hanihara et al, 2008；Hanihara and Ishida, 2009 など）。論文を詳し
く読んでも、筆者には難解でとても理解できない。しかし、幸い近藤修

215

氏が日本語で比較的平易に Relethford-Blangero 法を解説してくれているので（近藤、2005）、筆者が理解できる範囲でこの方法を説明してみたい。

　筆者らの形態の類似度から系統を推定するのが静的であるとすれば、この方法は外部からの遺伝子流入（他の集団との混血）や集団内での遺伝的浮動（集団の遺伝子頻度が偶然の原因によって変化していくこと）も考慮しているので、動的な研究といえる。

　近藤修氏は、この方法を用いて北海道アイヌの地域集団とオホーツク人の関係を調べ、北海道アイヌの北東部集団に対する外部からの遺伝子流入は、やはりオホーツク人の遺伝的影響を考えるのが最も適切であると考えた。ミトコンドリア DNA 解析によって、そのことが実証される 4 年も前のことである。ただし、この方法を集団間関係や人類史の復元に適応するには、以下のような幾つかの仮定が必要である。

　　1）人骨にみられる地域差がその地域ごとの環境や生業への適応形態
　　　　ではなく、地域集団ごとに作用する遺伝的浮動と遺伝子流入の相互
　　　　作用の結果であること。
　　2）より正確に集団間の形態的・遺伝的変異関係を復元するために
　　　　は、人骨の例数だけでなく、集団の人口比が明らかであること。
　　3）すべての形態的特徴が、すべての分集団において等しい遺伝率を
　　　　もっていること。
　　4）外部集団として単一の均質な集団を仮定すること。

近藤氏は続けて言う。

　これまで、形質人類学の世界では、集団の進化史を探る目的で集団間の比較研究に多大な労力を割いてきた。そこでは興味のある集団をひとくくりの単位として扱うことが多い。しかしながら、ある特定の集団の進化史をより細かく知るには、その集団の内部構造の違いとパターンに注目し、これを産み出した周辺集団との歴史的背景を考察することが重要であろう。言い換え

終章　アイヌと縄文人骨研究の今後

ると、集団の地域差とその歴史的解釈ということができる。ここで試みた分析は、いくつかの仮定を必要とするものの、形態情報から集団構造をしるためのツールとして今後も応用していくことができるであろう。

近藤（2005）

　近藤氏の Relethford-Blangero 法の解説と氏自らの研究結果から判断すると、この方法は、むやみにたくさんの集団を比較に用いる研究には適していないと思われる。何しろ幾つかの仮定を乗り越えなければならないので、「標的とする集団に対して、ある特定の外部集団がどのような遺伝的な影響を及ぼしたか」のように、目的を明確にした研究には威力を発揮するものと思われる。

　このような形態学的分析法はさておき、現在のところ筆者が集団の系統復元に最も期待を寄せているのは、ミトコンドリア DNA の解析である。古人骨から抽出したミトコンドリア DNA 解析が、北海道アイヌには北海道の縄文・続縄文人ばかりでなく、オホーツク人からの遺伝的影響があったことを実証したことは前に述べた。古人骨から DNA を抽出する際には、現代人の DNA が混じってしまうことを極度に警戒しなくてはならないが、最近のミトコンドリア DNA 解析はその難題を乗り越えたようである。しかし、日本列島の古人骨からのミトコンドリア DNA の抽出例は、多く見積もってもまだ 200 ～ 300 例程度である。形態学的な研究が何千例もの人骨を対象にしているのからみると、まだ微々たるものである。各時代・各地域の古人骨を用いたミトコンドリア DNA 解析がおこなわれないうちは、正確な人類史を復元したことにはならない。

　たとえば、北海道の縄文・続縄文人のハプログループ構成がアムール側流域の現代人と類似するから、北海道の縄文人の起源はこの地方にあるといった言説（Adachi et al., 2011a）には注意を要する。現代人のハプログループが、先史時代のアムール川流域の住民にもそのまま当てはまるという保証はない。北海道アイヌにみられたハプログループ Y1 が北海道の縄文人や続縄文人にはまったくみられないことが、そのことをよく

物語っている。北海道の縄文人が北方起源であることを実証するには、縄文人と同時代かそれ以前の人骨の DNA 解析が完了するのを待つしかない。気が遠くなるような研究をし続けなければならないが、それが学問というものではないだろうか。筆者は同じテーマの研究を 40 年以上も続けてきた"タコ壺学者"であるが、若い研究者にバトンタッチをするだけの成果は得られたと思っている。ただし樺太アイヌの成立に関しては、やや風呂敷を広げすぎたかもしれない。

　最近、次世代シークエンサーという機器が開発されて、古人骨を用いた核 DNA の解析もできるようになってきたが、本当に正しい DNA の塩基配列が復元されるようになり、十分な数の試料が調べられるようになるのには、まだまだ相当の時間がかかりそうである。核 DNA のデータが蓄積されたときにはじめて、筆者らの形態学的な特徴を指標にした系統解析の結果の真偽が確かめられるのである。しかし、形態学者が 100 年以上の歳月をかけて明らかにしてきた、縄文人とアイヌの類似性を否定する結果はおそらく出てはこないであろう。

2. なぜ今アイヌ人骨なのか

　まず筆者の本音から述べてみよう。大学卒業後北海道に渡り、初めて目にした人骨が積丹半島の神恵内村で発見されたアイヌ人骨であった（図 29）。学生時代から解剖学教室の標本室で東北地方の現代人や古代人の頭骨を観察していたが、それとはまったく違う頭骨に巡り会ったのである。眉間から鼻骨にかけての部分が非常に立体的で、後にこれに似た頭骨は縄文人のそれをおいて他はないと確信するようになった。

　今でも人間の骨を忌み嫌う人が多いが、中には筆者のように、人骨が好きでたまらないという人も少数ながらいるのは確かである。京都大学名誉教授の茂原信生氏は、人骨をいじっていると心が落ち着くといって、週に何回かボランティアで栃木県から茨城県の国立科学博物館まで通って、古人骨の復元作業を楽しんでいる。骨が本当に好きな人類学者

終章　アイヌと縄文人骨研究の今後

は、人骨を本心から大事にするのだと思う。

　ヒトやモノの好みは人それぞれであるが、骨好きの人たちにも、それ
ぞれ好みの骨が出てきても不思議ではない。筆者の場合、それがアイヌ
と縄文人の骨であった。もちろん、弥生時代や古墳時代人、それに本土
の日本人の骨も嫌いではないが、どうしても頭の中では、アイヌや縄文
人の骨と比較してしまうのである。本書でもアイヌと縄文人の骨に力点
がおかれているのも、多分に筆者の骨の好みに影響されていることを否
定するつもりはない。

　しかし学問的にみても、本土の現代人にも 20 〜 30％の割合で縄文人
の血が流れていると推定されているし、東北地方の古墳時代人や江戸時
代人が縄文人や北海道アイヌと比較的近い関係にあることが明らかにさ
れている。さらに、アイヌと琉球人との間にも少なからぬ関連があると
いう学説も提出されているので、日本列島の人類史を復元するにあたっ
ては、縄文人やアイヌの骨が重要な鍵を握っていることに異論をはさむ
余地はない。アイヌと縄文人の骨格に類似性があることは、明治時代の
小金井良精博士の研究にまで遡ることができる。小金井氏はこの類似性
をもとに日本石器時代人＝アイヌ説を展開し、坪井正五郎氏の日本石器
時代人＝コロボックル説に対抗したのであった。

　ところで、アイヌ人骨についての研究は、英国人バスクが 1 例の男性
頭骨を記載したのにはじまり（Busk, 1867）、次いでデイビスが女性の全身
骨格 1 体と男性の頭骨 3 例の分析結果を報告している（Davis, 1870）。東
京帝国大学の小金井良精氏は、アイヌの骨格の収集とアイヌの身体測定
を目的として、1888（明治 21）年と 1899（明治 22）年の 2 回にわたり北
海道一周旅行をおこない、アイヌ墳墓などから合計 169 体のアイヌ人骨
を得た。第 1 回目の調査の内容については、小金井氏が「アイヌの人類
学的調査の思い出」という題名で 1935 年に雑誌ドルメンに公表している
（小金井、1935）。この北海道調査旅行の成果は 1893 年〜 1894 年に、「ア
イヌの自然人類学的研究」と題してドイツ語の論文にまとめられ、帝国
大学紀要に発表された（Koganei, 1893-1894）。小金井氏の論文には、骨格

や生体の分析結果だけでなく、各個体の特徴が1例1例記載されている。この論文は北海道アイヌの骨格的特徴を最も体系的にまとめたもので、北海道に居住するアイヌの特徴を世界に発信した意義は計り知れない。

　しかし現代では、頬の粘膜を綿棒で擦ってDNAサンプルを採取するにも、被験者への説明と被験者の納得と同意が得られなければ倫理違反である。そのような基準からみれば、明治・大正期におこなわれたアイヌ墓地発掘は明らかに倫理的に問題がある。人権意識の乏しかった当時においてさえも、アイヌの目を気にしながらの盗掘といってよいアイヌ墓地の発掘だったのであるから、非人道的のそしりは免れない。実際に幕末には、アイヌ墳墓の盗掘は重大な犯罪として裁かれていたのである[3]。

　そのような人権への配慮に欠けた調査研究を反省して、日本人類学会は2006年に「人類学の研究倫理に関する基本姿勢と基本指針」を作成した。その中に、「人類学の研究者は、直接の対話や交渉ができない研究対象に対しても十分な敬意を払い、恩義を認識して倫理的配慮を行わなければならない……人間を対象とする研究は、人権と人間の尊厳を尊重しなければならない。先祖の遺物や遺骨等を対象とする研究もこれに含まれる。」という条項が記されている。

　筆者が小金井良精氏のアイヌ墳墓発掘調査の記録を読んだのは、1972年の札幌医科大学での人類学会で、アイヌ研究の恐ろしさの洗礼を受けた後であった。第4章で述べたように、北海道と東北地方をフィールドとしていた研究上の興味から、また自分の学責を果たすためにも、アイヌや縄文人の骨の研究を続けることを心に決めた時期と重なる。小金井氏の発掘記録に対する筆者の感想は、明治時代にはずいぶんとひどいことをやったものだ、という程度のものであったが、この発掘記録に大きなショックを受けて、アイヌの研究には手を出さないことを決めた若い有能な人類学者もいた。それに比べると筆者の感性は相当に鈍いのかもしれない。そうであるから、同じテーマの研究を40年間も続けてこられたのであろう。

　このような筆者のアイヌ人骨に対する研究姿勢が正しかったかどうか

終章　アイヌと縄文人骨研究の今後

は、いずれ第三者の評価を受けるものと思われるが、アイヌ人骨の人類学的研究がアイヌ民族に与えた利益と不利益を天秤にかけてみると、利益の方が重かったと筆者には思える。“日本人の大部分は、縄文時代以来連綿として続いてきた土着の人々であった”という、長谷部言人氏や鈴木尚氏の学説が後退し、代わって、北海道のアイヌこそが縄文人の血を濃厚に受け継いでいる人々であるという学説が主流になってきたのは、1960 年代以降の日本の人類学の成果である。これらの成果のほとんどは、小金井氏が収集したアイヌ人骨を研究資料としたものである。前述したように、近世アイヌが成立するに際してはオホーツク人との混血こそあったが、それでもアイヌの源流は北海道の縄文時代人にまで遡るという見解が、今や定説となったといってよい。

　筆者が札幌医科大学に赴任した 45 年ほど前には、アイヌは何百年か前に、どこか北の方から北海道に渡ってきた人たちであるなどと、まことしやかにささやかれていた。それが墓地の発掘や頭骨の計測によって、アイヌは、はるか昔から北海道に住んでいた在来の民であることが実証されたのである。戦後しばらくの間は中央学界の話題にさえ上ることがなかったことを考えると、この変化は、アイヌの人々にとって相当な利益であるに違いない。

　札幌医科大学で開催されたアイヌ人骨に対する慰霊祭（イチャルパ）の際、日本人類学会会長が、アイヌの人々は縄文時代以来ずっと北海道に住み続けてきた人々である、という最新の研究成果を紹介した。それを聞いて感激のあまり、会長の挨拶文をコピーさせてくれと頼んだアイヌの人もいたし、亡くなったおばあさんにこの話を聞かせてやりたかったと話してくれたアイヌの人もいた。

　2007 年に、わが国が「先住民族の権利に関する国際連合宣言」を採択したのに続き、2008 年には「アイヌ民族を先住民族とすることを求める決議」が国会の衆・参両院において全会一致で採択された。それを受けて「アイヌ総合政策室」が内閣官房に設置され、「アイヌ政策推進会議」が開催されることになった。その会議の進行過程で、全国の大学に収蔵

221

されているアイヌ人骨の実態調査がおこなわれ、北海道大学ほか11大学に1600体以上のアイヌ人骨が収蔵されていることが明らかになった。これらの人骨はすべてアイヌ民族に返還されることになったが、その返還場所や返還後の遺骨の扱いについては、まだ意見の一致がみられていないようである

　筆者は2014年8月9日に、北海道アイヌ協会が主催した「国際先住民の日記念事業」に招かれて「骨からみたアイヌと縄文人……頭骨の形態小変異から探る」という題名で講演をさせていただき、その時会場に集まったアイヌや和人の人たちからいろいろな意見を聞いた。いずれも過去の乱暴な人骨収集に対しては不信感を抱いているが、アイヌ民族に返還される遺骨は、遺族の判明する遺骨を除いて慰霊施設に集約するのがよいという意見もあれば、遺骨はすべて各コタン（集落）に返すべきであるといった意見もあった。調査研究に関しては、アイヌ民族のアイデンティティーの基盤を確保すると同時に日本列島人の多様性を実証するために必要だという主張がある一方、人権を侵害した発掘で得られたアイヌ人骨を引き続き研究材料として使うのは倫理的に問題があるという理由で研究を否定する意見もあった。

　返還後の遺骨をどのようにするのかは、アイヌの人たちの意見が最も尊重されるべきであると思うが、研究者としての筆者は、アイヌ人骨の再埋葬だけは避けていただきたいと願っている。慰霊施設にきちんと遺骨を保管しておけば、いつ何時、やはり研究が必要だというアイヌや和人たちの共通認識が生じた時にすぐに対応できる。しかし、再埋葬してしまえばすべて後の祭りとなる。であるから、せめてあと100年くらいは遺骨を正しく保存していただきたいと考えている。再埋葬はそれからでも遅くはないであろう。

　先住民の遺骨返還に関しては、よく北米やオーストラリアの事例が取りざたされる。しかしこれらの国では、先住民とはまったく別系統のヨーロッパ人が、突如先住民の世界に押し寄せたのであり、日本の場合とはだいぶ事情が異なる。わが国では弥生時代に稲作農耕技術が導入された

終章　アイヌと縄文人骨研究の今後

のを契機として、農耕民としての道を歩んだのが本土の日本人（和人）であり、縄文時代の生業であった狩猟採集を引き継いで、狩猟採集民としての道を歩んだのがアイヌであった。濃淡の違いはあるが、和人にもアイヌにも、縄文人の血が共に流れているのである。和人がアイヌに対して、理不尽な行為の数々をおこなってきたのは事実であるが、和人とアイヌとの間に、文化的ないし人的交流が長きにわたって続いていたのもまた事実である。したがって、アイヌなしの本土日本人（和人）の人類学的研究は成り立たないし、和人抜きのアイヌ研究もまた成り立たないのである。

　これまでアイヌは、日本人（和人）をはじめ諸外国の研究者から一方的に研究対象にされてきた。しかし今や、アイヌ自身が、アイヌ民族の歴史や周辺民族との交流史などを研究する時期にきているのではないかと思われる。アイヌの人たちの中から、自分たちのルーツを探るために人骨研究をやってみたいという人が出てきてくれないであろうか。アイヌと和人の人類学研究者が共同で研究をおこなえるような環境が整ったときにはじめて、和人によって非人道的な方法で収集されたとはいえ、アイヌ人骨が半永久的に保存されている意義が理解されるのである。アイヌ人骨を負の遺産としてだけ捉えるのではなく、正の遺産としても捉えられる時代がくることはないであろうか。

注3）慶応元年（1865）に、函館の英国領事館の館員3名が、噴火湾に面した渡島半島の森村と落部村でアイヌ墓地を盗掘して、合計17体のアイヌ人骨を持ち去った事件。盗掘を知ったアイヌが箱館奉行所に訴え出て、これが外交問題に発展した。結局英国側が謝罪し、森村と落部村のアイヌに賠償金を支払い、盗掘にかかわった領事館員は英国の国法によって処罰された（小井田、1987）。

おわりに

　本書で筆者の40年以上にわたる研究の足跡を辿ってみた。自らの恥さらしのことも書いたし、先輩の言説の批判もおこなったが、本書に1969年以降の学史的な性格ももたせたので、その点はご寛容いただきたい。

　筆者はこれまで、常識を覆すような華々しい成果を挙げることはできなかった。一番の業績は、頭骨の形態小変異を指標にして、北海道アイヌの祖先が北海道の縄文人にまで遡ることを明らかにしたことであろうか。しかしこれとて、先人が別の方法を用いてすでに指摘しているので、筆者のオリジナルではない。先人より少しでも優れたところがあるとすれば、それは骨の資料をよりたくさん調べたことである。樺太アイヌやオホーツク人の成り立ちと彼らと北海道アイヌとの関係については、まだ仮説の段階にあるといってよい。今後に課題を残したままである。

　東北地方の"蝦夷の人種論争"に関しては、現在利用できる人骨資料をほとんど全部使って分析をおこなったので、本書で述べたことが筆者らの研究の限界である。筆者らの結論の真偽は、いま山梨大学の安達登氏がミトコンドリアDNAを用いた追試研究をおこなっているので、いずれ確かめられると思われるが、新しい人骨資料の蓄積が待たれる。また東北地方では、青森県の尻屋崎の洞窟遺跡から石器を伴った旧石器時代人の化石の発見が期待される。

　今のところ、アイヌと縄文人はモンゴロイドに帰属するという学説が有力であり、"人種の孤島説"に賛同する人はほとんどいないようである。しかし、大陸側で先史時代の人骨が整備されるまでは、依然としてないがしろにはできない課題として残るであろう。

　筆者は、アイヌ・琉球同系説は不毛の議論と決めつけたが、論争はまだまだ続くと思われる。論争に終止符打つためには、なによりもまず、

沖縄の先史時代から現代に至るまでの人類史の復元が必要であるが、旧石器時代人骨を除いて、沖縄での古人骨研究は北海道よりもずいぶんと遅れているようである。しかし最近、若い研究者が然るべきポストに就いたので、近い将来著しい研究の進展がみられそうである。沖縄の旧石器時代人と縄文人の系譜関係の解明も時間の問題であると思われる。

　縄文人の均質性については、形態学と遺伝学で見解が大きく食い違っているが、これも今後に残された大きな課題である。とくに日本本土の縄文人と沖縄の縄文人の違いについては、できるだけ早く研究結果が公表されることが待ち望まれる。

　筆者は、頭骨の形態小変異というヒトの骨格のごく一部分を調べただけであり、その研究成果も本書で述べたように、穴ぼこだらけである。3次元計測器、レーザースキャナー、X線CTといった最新の研究機器を用いた形態学的研究、あるいは次世代シークエンサーを用いたDNA研究などによって、これらの穴ぼこが埋められていくことを期待している。研究とは、先人が築いたケルンに小石を少しずつ積んでいく作業だといってよいであろう。であるから、終わりはないのである。

　最後に筆者が考える人類学についてひと言述べておきたい。かつては、"骨の人類学"なんて金持ちの道楽程度にしか思われていなかったに違いない。しかし最近では、"知的好奇心を追求して人類の謎にせまる学問"などとも言われるようになってきた。知的好奇心が研究へのモチベーションになっていることに異論はないが、人類学は、知的好奇心を満足させるだけの浮世離れした学問ではなかったことを、アイヌ人骨の研究をとおして思い知らされた。研究の対象となるアイヌ民族は研究する側と同じ人間なのであり、しかも民族としてのプライドもある。沖縄の人たちの研究も同様であろう。ただ骨が好きだから研究をするといった理屈は、もはや通用しなくなってきている。筆者の若いころを思い起こすとまさに冷や汗ものである。人類学も一般社会と無縁な存在ではなくなってきたのである。そこで、人類学の研究成果も社会に還元する動きが盛んになってきた。本書もそのような目的で書かれたものである

　　　　　　　　　　　　　　　　　　　　　　　　　おわりに

が、できるだけ手抜きをしないように心がけたら、このようにかなり難し
い本になってしまった。

　筆者のこれまでの経験から言えば、人間を相手にした人類学的研究
には批判がつきものである。いくら自分が精魂込めてやった研究成果で
も、それをアウトという人はいくらでもいる。これから人類学をはじめよ
うとする人は、流行や研究費の取りやすさなどといった目先のことにと
らわれることなく、まず自分の進むべき道をじっくりと考えた方がよい。
紆余曲折は研究者の理である。しかし筋が一本通ってさえいれば、大抵
の批判には耐えられるものである。

　本書が、これから人類学をはじめようとする学生諸君や、研究に行き
づまってもがき苦しんでいる若い研究者たちに、多少なりとも参考にな
れば、それは筆者の望外の喜びである。

227

謝　辞

　筆者のこれまでの研究に際して、資料の調査許可、あるいは資料の提供を頂いた教育・研究機関は以下の通りである。

　北海道礼文町教育委員会、網走市郷土博物館、釧路市立博物館、北海道教育委員会、北海道埋蔵文化財センター、札幌医科大学医学部、北海道大学総合博物館、北海道大学医学部、伊達市教育委員会、伊達市噴火湾文化研究所、北海道アイヌ協会伊達支部、北海道虻田町教育委員会、北海道神恵内村教育委員会、北海道島牧村教育委員会、北海道八雲町教育委員会、北海道南茅部町教育委員会、青森県東通村教育委員会、青森県八戸市教育委員会、青森県南郷村教育委員会、青森県五戸町教育委員会、青森県五所川原市教育委員会、秋田県鹿角市教育委員会、秋田県鷹巣町教育委員会、岩手県二戸市教育委員会、岩手県立博物館、岩手県埋蔵文化財センター、岩手医科大学歯学部、岩手県大迫町教育委員会、岩手県大船渡市立博物館、岩手県陸前高田市立博物館、宮城県気仙沼市教育委員会、宮城県石巻文化センター、宮城県奥松島縄文村歴史資料館、宮城県塩竈市教育委員会、宮城県多賀城市教育委員会、仙台市教育委員会、東北大学総合学術博物館、東北大学医学部、東北大学理学部、東北歴史博物館、宮城県名取市教育委員会、宮城県岩沼市教育委員会、福島県表郷村教育委員会、福島県いわき市教育委員会、新潟大学医学部、国立科学博物館人類研究部、東京大学総合研究博物館、聖マリアンナ医科大学医学部、京都大学総合博物館、京都大学理学部、大阪大学人間科学部、愛媛県城川町教育委員会、九州大学医学部、沖縄県教育委員会、沖縄県立埋蔵文化財センター、琉球大学医学部、沖縄県玉泉洞王国村、沖縄県平良市教育委員会、沖縄県城辺町教育委員会、沖縄県竹富町教育委員会、中国社会科学院考古研究所、国立モンゴル大学、ベトナム考古学研究所、ロンドン自然史博物館、カナダ・クイーンズ大学医学部、カナダ・

トロント大学人類学部、カナダ人類博物館、米国スミソニアン自然史博物館（機関名は調査時のものも含まれる）。

　これらの機関およびそのスタッフの皆様に謹んでお礼を申し上げます。

　また図の作成はほとんどが東北大学医学部の名倉洋子博士の手によるもので、本書の草稿は新潟医療福祉大学の澤田純明博士に目を通していただきました。さらに、表題の英文表記については東京大学の諏訪元教授の手を煩わせました。厚くお礼を申し上げます。

　本書を出版するにあたり、適確な論評を賜った匿名の査読者、および出版の機会を与えてくださった東北大学出版会の編集委員会と事務局の皆様に、心よりお礼いたします。

　最後になりましたが、筆者が 40 年以上にもわたって、"日本列島の人類史の復元" というテーマを追い続けることができたのは、山口敏先生をはじめとする諸先輩のご指導、同僚・後輩の様々なご援助があったからこそであり、これらの皆様に心より感謝申し上げます。

　　2015 年 6 月

　　　　　　　　　　　　　　　　　　　　　百 々 幸 雄

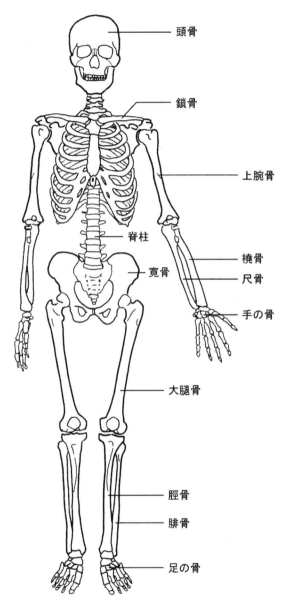

付図1. ヒトの全身骨格の概略図

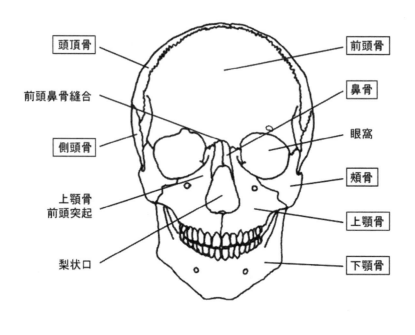
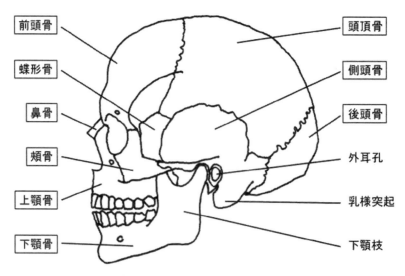

付図2. ヒト頭骨の前面観と側面観

引用文献

日本語文献（あいうえお順）

アイヌ文化保存対策協議会（編）（1970）アイヌ民族誌．第一法規出版．

アイヌ民族博物館（監修）（1993）アイヌ文化の基礎知識．草風館．

安里進（1996）考古学からみた現代琉球人の形成．地学雑誌、105：364-371.

安里進・土肥直美（1999）沖縄人はどこからきたか——「琉球＝沖縄人」の起源と成立．ボーダーインク．

安達登・坂上和弘・百々幸雄・篠田謙一・梅津和夫・松村博文・大島直行（2006）北海道縄文・続縄文人骨のミトコンドリア DNA 解析（続報）．DNA 多型、14：86-90.

安達登・篠田謙一・梅津和夫（2009）ミトコンドリア DNA 多型からみた北日本縄文人．DNA 多型、17：265-269.

安達登・篠田謙一・梅津和夫（2013）DNA が明らかにするアイヌの成立史（第3報）．DNA 多型、21：130-133.

天野哲也（2003）オホーツク文化とはなにか．野村崇・宇田川洋（編）、新・北海道の古代②——続縄文・オホーツク文化．北海道新聞社．

井川一成・六反田篤・林善彦・真鍋義孝（2014）土井ヶ浜遺跡出土弥生時代人骨のミトコンドリア DNA 解析．下関市文化財調査報告書35、土井ヶ浜遺跡——第1次〜第12次発掘調査報告書、第3分冊「特論・総括編」．土井ヶ浜遺跡・人類学ミュージアム．

池田次郎（1981）異説「弥生人考」季刊人類学、12-4：3-59.

池田次郎（1985）海と山の縄文人——形態の地域差と時代差．八幡一郎先生頌寿記念考古学論集、『日本史の黎明』六興出版．

池田次郎（1993）古墳人．石野博信・岩崎卓也・河上邦彦・白石太一郎（編）、古墳時代の研究 1．総論・研究史．雄山閣出版．

池田次郎（1998）日本人のきた道．朝日選書614.

池田次郎・多賀谷昭（1980）生体計測値からみた日本列島の地域性．人類学雑誌、

88:397-410.

石田肇（1988）北海道枝幸町目梨泊遺跡出土のオホーツク文化期人頭骨にみられたアイヌ的特徴．人類学雑誌，96；371-374.

石田肇（1992）東北地方の古代人骨の形質について．加藤稔先生還暦記念——東北文化論のための先史学歴史学論集.

石田肇（1993）シベリアモンゴロイドの人類史．学術月報、46；237-241.

石田肇（1996a）シベリアのモンゴロイド．遺伝、50；22-27.

石田肇（1996b）形質人類学から見たオホーツク文化の人々．古代文化、48；323-329.

石附喜三男（1986）アイヌ文化の源流．みやま書房.

伊藤昌一（1949）北海道モヨロ貝塚人の頭蓋骨について．解剖学雑誌，24；124-125.（抄録）

伊藤昌一（1967）アイヌ頭蓋の地方的差異——計測所見．北方文化研究、2；191-238.

上野秀一（1992）本州文化の受容と農耕文化の成立．坪井清足・平野邦雄（監修）、新版・古代の日本⑨——東北・北海道．角川書店.

ウサクマイ遺跡研究会（編）（1975）烏柵舞．雄山閣出版.

右代啓視（2003）オホーツク文化の土器・石器・骨角器．野村崇・宇田川洋（編）、新・北海道の古代②——続縄文・オホーツク文化．北海道新聞社.

榎森進（1992）周辺諸国と変容するアイヌ社会．坪井清足・平野邦雄（監修）、新版・古代の日本⑨——東北・北海道．角川書店.

大井晴男（1973）1966・67年度の調査．大場利夫・大井晴男（編）、オホーツク文化の研究Ⅰ．オンコロマナイ貝塚．東京大学出版会.

大井晴男（1982）オホーツク文化の諸問題——その研究史的回顧．大井晴男（編）、シンポジウム・オホーツク文化の諸問題——その起源・展開・社会・変容．学生社.

大井晴男（1985）サハリン・アイヌの形成過程．北方文化研究、17；165-192.

大西秀之（2009）トビニタイ文化からのアイヌ文化史．同成社

大場利夫・溝口稠・山口敏（1978）室蘭市絵鞆遺跡出土人骨．Bulletin of the National Science Museum, Tokyo, Ser. D, 4；1-23.

岡崎健治（2009）縄文・弥生・中世・近現代人の成長パターン——未成人骨格資料から探る形態発現と生活環境．花書院.

引用文献

小片保（1981）縄文時代人骨．人類学講座編纂委員会（編）、人類学講座5　日本人
　Ⅰ．雄山閣出版．

小片保・加藤克知・皆川幸夫・松村博雄・瀧川渉・百々幸雄・皆川隆男（2000）福島
　県須賀川市牡丹平遺跡出土の弥生時代人骨．人類学雑誌，108：17-44.

尾本惠市（1996）分子人類学と日本人の起源．裳華房．

尾本惠市・三沢章吾・石本剛一（1976）血液の遺伝マーカーよりみた沖縄のヒト．九
　学会連合沖縄調査委員会（編）、沖縄——自然・文化・社会．弘文堂．

片山一道（1998）縄文人の外耳道骨腫——その出現率の地域差と要因．橿原考古学研究
　所（編）、橿原考古学研究所論集第13．吉川弘文館．

加藤征（1991）江戸時代人骨の形質に関する人類学的研究．平成2年度科学研究費補
　助金一般研究B研究成果報告．

金関丈夫（1959）弥生時代の日本人．日本の医学の1959、第Ⅰ巻．第15回日本医学
　会総会．

金関丈夫（1966）弥生時代人．日本の考古学3　弥生時代．河出書房．

河北新報（2014）9000年超前の人骨出土——沖縄・サキタリ洞遺跡．12月12日夕刊．

川久保善智・澤田純明・百々幸雄（2009）東北地方にアイヌの足跡を辿る：発掘人骨
　頭蓋の計測的・非計測的研究．Anthropological Science（Japanese Series），117：65-87.

河村善也（2003）風穴洞穴の完新世および後期更新世の哺乳類遺体．百々幸雄・瀧川
　渉・澤田純明（編）、北上山地に日本更新世人類化石を探る——岩手県大迫町アバク
　チ・風穴洞穴遺跡の発掘．東北大学出版会．

菊池徹夫・石附喜三男（1982）オホーツク文化と擦文文化・アイヌ文化との関係．大
　井晴男（編）、シンポジウム・オホーツク文化の諸問題——その起源・展開・社会・
　変容．学生社．

菊池俊彦（1971）樺太のオホーツク文化について．北方文化研究、5：31-53.

菊池俊彦（1978）オホーツク文化の起源と周辺諸文化との関連．北方文化研究、
　12：39-74.

小井田武（1987）アイヌ墳墓盗掘事件．みやま書房．

河内まき子（1984）日本人の体型の地域差．日本人類学会（編）、人類学——その多様
　な発展．日経サイエンス社．

香原志勢・茂原信生・西沢寿晃・藤田敬・大谷江里・馬場悠男（2011）栃原岩陰遺跡（長野県南佐久郡北相木村）出土の縄文時代早期人骨——縄文時代早期人骨の再検討．Anthropological Science（Japanese Series），119：91-124.

木村賛（1980）ヒトはいかに進化したか——進化からみた人類学．サイエンス社．

熊木俊朗（2003）道東北部のオホーツク文化．野村崇・宇田川洋（編）、新・北海道の古代②——続縄文・オホーツク文化．北海道新聞社．

工藤雅樹（2000）古代蝦夷．吉川弘文館．

九州大学医学部解剖学第二講座（1988）日本民族・文化の生成——②九州大学医学部解剖学第二講座所蔵古人骨資料集成．六興出版．

許鴻樑（1948）琉球人頭骨ノ人類学的研究．国立台湾大学解剖学研究室論文集、第二冊、227-330.

栗栖浩二郎（1967）北海道有珠遺跡出土人骨の人類学的研究．人類学雑誌、75：103-119.

小金井良精（1890a）本邦貝塚より出たる人骨に就いて．東京人類学会雑誌第56号．「小金井良精（1926）人類学研究．大岡山書店に再録」

小金井良精（1890b）後頭孔前縁に存する骨隆起及び関節面に就いて．第一回日本医学会誌．「小金井良精（1926）人類学研究．大岡山書店に再録」

小金井良精（1924）日本石器時代人骨の研究概要．中央史壇臨時増刊、土中の日本．「小金井良精（1926）人類学研究．大岡山書店に再録」

小金井良精（1935）アイヌの人類学的調査の思い出——四十八年前の思い出．ドルメン第4巻7号．「小金井良精（1958）人類学研究（続編）．小金井博士生誕百年記念会に再録」

児玉作左衛門（1948）モヨロ貝塚．北海道原始文化研究会．

児玉作左衛門（1970）人類学からみたアイヌ——アイヌの人種所属に関する諸説．アイヌ文化保存対策協議会（編）、アイヌ民族誌．第一法規出版．

小浜基次・峰山巌・藤本英夫（1963）有珠善光寺遺跡．北海道文化財保護協会（編）、北海道の文化特集号．

近藤修（2005）頭蓋形態からみた北海道アイヌの地域性とオホーツク文化人の影響．海交史研究会考古学論集刊行会（編）、海と考古学．六一書房．

引用文献

斎藤成也（2005）DNA から見た日本人．ちくま新書 525.

佐伯史子（2006）解剖学的方法による縄文人の身長推定と比下肢長の検討．Anthropological Science（Japanese Series），114：17-33.

佐熊正史（1989）中世九州人頭蓋の人類学的研究．長崎医学会雑誌、61：4-21.

佐々木高明（1991）日本の歴史①日本史誕生．集英社．

澤田純明（2003）アバクチ洞穴の完新世動物遺体．百々幸雄・瀧川渉・澤田純明（編）、北上山地に日本更新世人類化石を探る——岩手県大迫町アバクチ・風穴洞穴遺跡の発掘．東北大学出版会．

茂原信生（1993）人骨の形質．長野県埋蔵文化財センター発掘調査報告書 14、北村遺跡——本文編．日本道路公団名古屋建設局・長野県教育委員会・長野県埋蔵文化財センター．

地土井健太郎（1997）蛇王洞縄文早期人骨の人類学的研究．人類学雑誌、105：293-317.

篠田謙一（2007）日本人になった祖先たち——DNA から解明するその多元的構造．NHK ブックス 1078.

篠田謙一（2011）DNA からみた中世鎌倉の人々．中條利一郎・酒井英男・石田肇（編）、考古学を科学する．臨川書店．

篠田謙一（2012）DNA による日本人の形成——ミトコンドリア DNA と Y 染色体．季刊考古学、118：79-84.

篠田謙一（2014）DNA 分析．富山県文化振興財団埋蔵文化財発掘調査報告第 60 集、小竹貝塚発掘調査報告——第三分冊・人骨分析編．富山県文化振興財団埋蔵文化財調査事務所．

篠田謙一・安達登（2010）DNA が語る「日本人への旅」の複眼的視点．科学、80：368-372.

新谷行（1972）アイヌ民族抵抗史——アイヌ共和国への胎動．三一書房．

鈴木敏彦・澤田純明・百々幸雄・小山卓臣（2004）下北半島浜尻屋貝塚出土中世小児人骨の歯冠形質．Anthropological Science（Japanese Series），112：27-35.

鈴木尚（1963）日本人の骨．岩波新書．

鈴木尚（1983）骨から見た日本人のルーツ．岩波新書．

須田昭義（1950）人類学からみた琉球人．民族学研究、15：109-116.

諏訪元・藤田裕樹・山崎真治・大城逸郎・馬場悠男・新里尚美・金城達・海部陽介・松浦秀治（2011）港川フィッシャー遺跡（沖縄県八重瀬町）の更新世人骨出土情報に関する新たな知見．Anthropological Science（Japanese Series），119：125-136.

瀬川拓郎（2007）アイヌの歴史——海と宝のノマド．講談社選書メチエ．

高椋浩史（2011）骨産道形態の時代変化——頭型の時代変化との関連性の検討．Anthropological Science（Japanese Series），119：75-89.

多賀谷昭（1995）生体の特徴からみた日本列島の人びと．百々幸雄（編）、モンゴロイドの地球3　日本人のなりたち．東京大学出版会．

瀧川渉（2005）四肢骨の計測的特徴から見た東日本縄文人と北海道アイヌ．Anthropological Science（Japanese Series），113：43-61.

瀧川渉（2006）四肢骨の計測的特徴における縄文人と現代日本人の地域間変異．Anthropological Science（Japanese Series），114：101-129.

竹中正巳・満田タツ江・早田隆・中村直子・新里貴之・峰山いづみ（2006）種子島出土中世人骨に認められた骨腫とセメント質腫．鹿児島女子短期大学紀要、41：13-18.

田名網宏（1956）古代蝦夷とアイヌ．古代史談話会（編）、蝦夷．朝倉書店．

田中健太郎（2004）踵骨の距骨関節面の形態変異についてII——日本列島諸集団を対象にした人類学的研究．Anthropological Science（Japanese Series），112：101-111.

田中嘉成・野村哲朗（共訳）（1993）D.S.ファルコナー　量的遺伝学入門．蒼樹書房．

鳥居龍蔵（1903）千島アイヌ．吉川弘文館．「山口敏（編・解説）、日本の人類学文献選集——近代編　第4巻．クレス出版所収」

伊達市噴火湾文化研究所（2009）有珠4遺跡発掘調査報告書——近世アイヌ文化期の墓の調査．

土肥直美（1998）南西諸島人骨格の形質人類学的考察——骨からみた南西諸島の人びと．琉球大学医学部附属地域医療研究センター（編）、沖縄の歴史と医療史．九州大学出版会．

土肥直美（2003）特論2　人骨からみた沖縄の歴史．財団法人沖縄県文化振興会公文書管理部史料編集室（編）、沖縄県史、各論編　第二巻　考古．沖縄県教育委員会．

土肥直美（2012）沖縄・琉球人の成り立ち．季刊考古学、118：88-90.

引用文献

土肥直美・泉水奏・瑞慶覧朝盛・譜久嶺忠彦（2000）骨からみた沖縄先史時代人の生活．高宮廣衞先生古稀記念論集．

百々幸雄（1972）北海道の古人骨にみられる外耳道骨種．人類学雑誌、80：11-22.

百々幸雄（1976）愛媛県城川町中津川洞遺跡出土の一人骨．国立科学博物館専報、9：199-206.

百々幸雄（1982）東北地方縄文人男性の頭蓋計測．人類学雑誌、90（suppl.）：119-128.

百々幸雄（1985）頭骨の形態小変異．埴原和郎（編）、福島県三貫地貝塚出土人骨の人類学的研究．昭和58・59年度科学研究費補助金（一般研究C）研究成果報告書．

百々幸雄（1995a）骨からみた日本列島の人類史．百々幸雄（編）、モンゴロイドの地球3　日本人のなりたち．東京大学出版会．

百々幸雄（1995b）南西諸島人骨格の人類学的再検討．平成6年度科学研究費補助金（一般研究C）研究成果報告書．

百々幸雄（2007）縄文人とアイヌは人種の孤島か？　生物の科学──遺伝、第61巻：50-54.

百々幸雄・松崎水穂（1982）北海道州崎館発見の一中世頭骨．人類学雑誌、90：73-78.

百々幸雄・石田肇・鈴木隆雄・大島直行・三橋公平（1986）1984年出土人骨．北黄金貝塚──北海道伊達市北黄金遺跡における詳細分布調査の概要報告．北海道伊達市教育委員会．

百々幸雄・石田肇（1988）頭骨の形態小変異の出現型からみた土井ヶ浜弥生人．日本民族・文化の生成──①永井昌文教授退官記念論文集．六興出版．

百々幸雄・木田雅彦・石田肇・松村博文（1991）北海道厚岸町下田ノ沢遺跡出土の擦文時代人骨．人類学雑誌、99：463-475.

百々幸雄・瀧川渉・澤田純明（編）（2003）、北上山地に日本更新世人類化石を探る──岩手県大迫町アバクチ・風穴洞穴遺跡の発掘．東北大学出版会．

百々幸雄・前田朋子・川久保善智・澤田純明・佐伯史子・遠藤貢・堂地大輔（2004）梨木畑貝塚出土人骨．石巻市文化財調査報告書第12集、梨木畑貝塚──県道石巻鮎川線道路改良工事に伴う発掘調査報告書．石巻市教育委員会．

百々幸雄・川久保善智・澤田純明・石田肇（2012a）頭蓋の形態小変異からみたアイヌとその隣人たち．I．東アジア・北東アジアにおける北海道アイヌの人類学的位置．

Anthropological Science（Japanese Series），120：1-13.

百々幸雄・川久保善智・澤田純明・石田肇（2012b）頭蓋の形態小変異からみたアイ
ヌとその隣人たち．Ⅱ．アイヌの地域差．Anthropological Science（Japanese Series），
120：135-149.

百々幸雄・川久保善智・澤田純明・石田肇（2013）頭蓋の形態小変異からみたアイ
ヌとその隣人たち．Ⅲ．隣接集団との親疎関係．Anthropological Science（Japanese
Series），121：1-17.

内藤芳篤（1971）西北九州出土の弥生時代人骨．人類学雑誌、79：236-248.

内藤芳篤（1981）弥生時代人骨．人類学講座編纂委員会（編）、人類学講座5　日本人
Ⅰ．雄山閣出版.

内藤芳篤（1984）九州における縄文人骨から弥生人骨への移行．日本人類学会（編）、
人類学——その多様な発展．日経サイエンス社.

内藤芳篤（1985）南九州およびその離島．国家成立前後の日本人——古墳時代人骨を
中心にして．季刊人類学、16-3.

長岡朋人・静島昭夫・澤田純明・平田和明（2006）中世日本人の頭蓋形態の変異．
Anthropological Science（Japanese Series），114：139-150.

中田裕香（2004）擦文文化の土器．野村崇・宇田川洋（編）、新・北海道の古代③——
擦文・アイヌ文化．北海道新聞社.

中橋孝博（1987）福岡市天福寺出土の江戸時代人頭骨．人類学雑誌、95：89-106.

中橋孝博（1990）渡来の問題——形質人類学の立場から．西谷正（編）、古代朝鮮と日
本——古代史論集4．名著出版.

中橋孝博（2003）鹿児島県種子島広田遺跡出土人骨の形質人類学的所見．広田遺跡学
術調査研究会（編）、種子島　広田遺跡——本文編．鹿児島県立歴史資料センター黎
明館.

中橋孝博（2005）日本人の起源——古人骨からルーツを探る．講談社選書メチエ.

中橋孝博・永井昌文（1985）人骨——山口県下関市吉母浜遺跡出土人骨．吉母浜遺
跡．下関市教育委員会.

中橋孝博・永井昌文（1989）弥生人1.形質．永井昌文・那須孝悌・金関恕・佐原真
（編）、弥生文化の研究．雄山閣出版.

引用文献

奈良貴史・鈴木敏彦・瀧川渉・地土井健太郎・澤田純明・中山光子・小西秀和・仲村三千代・百々幸雄（2000）1997・1998年里浜貝塚出土人骨．鳴瀬町文化財調査報告書第6集、里浜貝塚——平成11年度発掘調査概報．奥松島縄文村歴史資料館．

奈良貴史・鈴木敏彦（2003）アバクチ洞穴出土弥生時代幼児人骨．百々幸雄・瀧川渉・澤田純明（編）、北上山地に日本更新世人類化石を探る——岩手県大迫町アバクチ・風穴洞穴遺跡の発掘．東北大学出版会．

日本考古学協会（編）（1994）北日本の考古学——南と北の地域性．吉川弘文館．

日本人類学会（編）（1956）鎌倉材木座発見の中世遺跡と人骨．岩波書店．

野村崇・宇田川洋（編）（2003）新・北海道の古代②——続縄文・オホーツク文化．北海道新聞社．

野村崇・宇田川洋（編）（2004）新・北海道の古代③——擦文・アイヌ文化．北海道新聞社．

乗安和二三（2014）埋葬と葬送習俗．下関市文化財調査報告書35、土井ヶ浜遺跡——第1次〜第12次発掘調査報告書、第1分冊「本文編」．土井ヶ浜遺跡・人類学ミュージアム．

長谷部言人（1925）陸前気仙郡大船渡湾附近の石器時代人に外聴道骨腫多し．人類学雑誌、40：321-326．

長谷部言人（1927）石器時代の死産児甕葬．人類学雑誌、42：309-315．

長谷部言人（1949）日本民族の成立．新日本史講座1原始時代・古代前期．中央公論社．「池田次郎・大野晋（編）（1973）論集・日本文化の起源、第5巻、日本人種論・言語学．平凡社に再録」

埴原和郎（1976）歯冠形質よりみた沖縄のヒト．九学会連合沖縄調査委員会（編）、沖縄——自然・文化・社会．弘文堂．

埴原和郎（1994）二重構造モデル：日本人集団の形成に関わる一仮説．人類学雑誌、102：455-477．

埴原和郎（1995）日本人の成り立ち．人文書院．

埴原和郎（2002）日本人の骨とルーツ．角川ソフィア文庫．

馬場悠男（2002）特論Ⅰ 港川人の位置づけ．具志頭村文化財調査報告書第5集、港川フィシャー遺跡——重要遺跡確認調査報告．沖縄県具志頭村教育委員会．

平本嘉助（1972）縄文時代から現代に至る関東地方人身長の時代的変化．人類学雑誌、80：221-236.

福田正宏（2010）オホーツク文化成立以前の先史文化．菊池俊彦（編）、北東アジアの歴史と文化．北海道大学出版会.

譜久嶺忠彦・土肥直美・石田肇・瑞慶覧朝盛・泉水奏・佐宗亜衣子・比嘉貴子（2001）ヤッチのガマ・カンジン原古墓群出土の人骨．沖縄県立埋蔵文化財センター調査報告書第6集、ヤッチのガマ・カンジン原古墓群．沖縄県立埋蔵文化財センター.

藤井明（1960）四肢長骨の長さと身長との関係に就いて．順天堂大学体育学部紀要、3：49-61.

藤本強（1982）続縄文文化概論．加藤晋平・小林達雄・藤本強（編）、縄文文化の研究6　続縄文・南島文化．雄山閣出版.

毎日新聞（2000）旧石器発掘ねつ造．2000年11月5日朝刊.

前田潮（2002）ものが語る歴史7　オホーツクの考古学．同成社.

前田朋子（2004）北海道縄文人下顎骨の計測的・非計測的研究．平成15年度東北大学大学院医学系研究科博士論文.

増田隆一・天野哲也・小野裕子（2002）古代DNA分析による礼文島香深井A遺跡出土ヒグマ遺存体の起源——オホーツク文化における飼育型クマ送り儀礼の成立と異文化交流．動物考古学、19：1-14.

増山元三郎（1951）推計紙の使い方——調査研究の計画と結果の解析に役立つ図計算法．日本規格協会.

松下孝幸（1981）大友遺跡出土の弥生時代人骨．呼子町文化財調査報告書第1集、大友遺跡．呼子町教育委員会.

松下孝幸（1990）南九州地域における古墳時代人骨の人類学的研究．長崎医学会雑誌、65：781-804.

松下孝幸（2000）山東省臨淄の周・漢代人骨と弥生人骨．渡来系弥生人のルーツを大陸にさぐる——山東省との共同研究報告．土井ヶ浜遺跡・人類学ミュージアム／山東省文物考古研究所.

松下孝幸（2002）神奈川県鎌倉市由比ヶ浜南遺跡出土の中世人骨．由比ヶ浜南遺跡調

査団（編）、神奈川県・鎌倉市由比ヶ浜南遺跡、第3分冊・分析編Ⅱ.

松下真実・松下孝幸（2011）沖縄県糸満市摩文仁ハンタ原遺跡出土の縄文人骨（2）. 土井ヶ浜遺跡・人類学ミュージアム研究紀要第6号：28-50.

松村博文（1998）歯冠計測値にもとづく土着系・渡来系弥生人の判別法. 国立科学博物館専報、30：199-210.

松村博文・Hudson M.（2003）奥尻島青苗砂丘遺跡より出土した人骨について. 奥尻町青苗砂丘遺跡2. 北海道埋蔵文化財センター.

松本建速（2006）蝦夷の考古学. 同成社.

真鍋義孝・六反田篤（2014）土井ヶ浜遺跡出土弥生時代人骨の歯冠と歯根の非計測的形質——渡来系弥生人の地域的変異の観点から. 下関市文化財調査報告書35、土井ヶ浜遺跡——第1次～第12次発掘調査報告書、第3分冊「特論・総括編」. 土井ヶ浜遺跡・人類学ミュージアム.

水嶋崇一郎・諏訪元・平田和明（2010）胎児・乳幼児期における縄文人と現代日本人の四肢骨骨幹中央部断面形状の比較解析. Anthropological Science（Japanese Series），118：97-113.

溝口優司（2000）頭蓋の形態変異. 勉誠出版.

三橋公平（1972）北海道北黄金貝塚出土人骨略報. 解剖学雑誌、47：23.（抄録）

三橋公平・山口敏・山野秀二（1975）ウサクマイ遺跡A地点出土人骨. ウサクマイ遺跡研究会（編）、烏柵舞. 雄山閣出版.

三橋公平・百々幸雄・鈴木隆雄・大島直行・石田肇（1984）伊達市南有珠7遺跡出土人骨. 伊達市南有珠7遺跡発掘調査報告. 伊達市教育委員会.

三宅宗悦（1940）日本人の生体計測学. 人類学・先史学講座、第19巻. 雄山閣出版.

毛利俊雄（1986）頭蓋骨の非計測形質からみた日本列島諸集団の地理的および時代的変異. 京都大学理学部博士論文.

山口敏（1963a）宗谷岬オンコロマナイ貝塚出土人骨. 人類学雑誌、70：131-146.

山口敏（1963b）江別市対雁坊主山遺跡出土人骨. 人類学雑誌、71：55-70.

山口敏（1974）北海道の先史人類. 第四紀研究、12：257-264.

山口敏（1978）日本人の骨. 人類学講座編纂委員会（編）、人類学講座6　日本人Ⅱ. 雄山閣出版.

山口敏（1981a）縄文時代人骨．池田次郎（編）、骨から見た日本人の起源．季刊人類学 12-1．

山口敏（1981b）北海道の古人骨．人類学講座編纂委員会（編）、人類学講座5　日本人Ⅰ．雄山閣出版．

山口敏（1982）縄文人骨．加藤晋平・小林達雄・藤本強（編）縄文文化の研究 1．縄文人とその環境．雄山閣出版．

山口敏（1984）釧路緑ヶ岡遺跡出土人骨．河野広道博士没後 20 年記念論文集．北海道出版企画センター．

山口敏（1985a）東日本——とくに関東・東北南部地方．国家成立前後の日本人——古墳時代人骨を中心にして．季刊人類学、16-3．

山口敏（1985b）栄浦第一遺跡出土の続縄文時代人骨．東京大学文学部考古学研究室・常呂研究室（編）、栄浦第一遺跡．東京大学文学部．

山口敏（1988a）五松山洞窟遺跡をめぐる諸問題、第 1 節　人骨の人類学的諸問題．石巻市文化財調査報告書第 3 集、五松山洞窟遺跡——発掘報告書．宮城県石巻市教育委員会．

山口敏（1988b）東日本古墳・横穴墓出土人骨の顔面平坦度計測．日本民族・文化の生成——①永井昌文教授退官記念論文集．六興出版．

山口敏（1999）日本人の生いたち．みすず書房．

山口敏・中橋孝博（編）（2007）中国江南・江淮の古代人——渡来系弥生人の原郷をたずねる．てらぺいあ．

山崎真治・藤田裕樹・片桐千亜紀・国木田大・松浦秀治・諏訪元・大城逸郎（2012）沖縄県南城市サキタリ洞遺跡の発掘調査（2009 ～ 2011 年）——沖縄諸島における新たな更新世人類遺跡．Anthropological Science（Japanese Series），120：121-134．

山崎真治・藤田裕樹・片桐千亜紀・黒住耐二・海部陽介（2014）沖縄県南城市サキタリ洞遺跡出土の後期更新世の海産貝類と人類の関わり．Anthropological Science（Japanese Series），122：9-27．

読売新聞（2009）先史沖縄人「縄文」と一線．4 月 3 日朝刊．

Laughlin W.S.（1981）Aleuts：Survivors of the Bering Land Bridge.「スチュアート・ヘンリ（訳）（1986）、極北の海洋民——アリュート民族．六興出版．」

引用文献

分部哲秋・佐伯和信・弦本敏行・長島聖司（1999）那覇市銘苅古墓郡 B 地区 3 号及び 4 号墓出土の人骨．那覇市文化財調査報告書第 40 集、銘苅古墓群（Ⅱ）．那覇市教育委員会.

渡辺左武郎（1936）八雲アイヌ頭蓋骨の所謂第三後頭顆に就いて．北海道帝国大学医学部解剖学教室研究報告、第一輯、43-59.

渡辺直経（編）（1997）人類学用語事典．雄山閣出版.

外国語文献（a,b,c 順）

Adachi N. (2013) Ethnic derivation of the Ainu from the perspective of mitochondrial DNA. Anthropological Science, 121 : 259. (abstract)

Adachi N., Shinoda K., Umetsu K. and Matsumura H. (2009) Mitochondrial DNA analysis of Jomon skeletons from the Funadomari site, Hokkaido, and its implication for the origins of Native American. American Journal of Physical Anthropology, 138 : 255-265.

Adachi N., Shinoda K., Umetsu K., Kitano T., Matsumura H., Fujiyama R., Sawada J. and Tanaka M. (2011a) Mitochondria DNA analysis of Hokkaido Jomon skeletons : remnants of archaic maternal lineages at the southwestern edge of former Beringia. American Journal of Physical Anthropology, 146 : 346-360.

Adachi N., Shinoda K., Umetsu K., Kondo O. and Dodo Y. (2011b) Ethnohistory of the Hokkaido Ainu inferred from mitochondrial DNA data (second report). Anthropological Science, 119 : 274. (abstract)

Akabori E. (1933) Crania Nipponica Recentia 1. Analytical inquiries into the non-metrical variations in the Japanese skull according to age and sex. Japanese Journal of Medical Sciences, I. Anatomy, 4 : 61-315.

Akazawa T., Muhesen S., Dodo Y., Kondo O. and Mizoguchi Y. (1995) Neanderthal infant burial. Nature, 377 : 585-586.

Anthropological Science (2011) New studies on early modern humans from Okinawa, South Japan. Vol. 119, No, 2, Special Issue.

Baba H. and Narasaki S. (1991) Minatogawa Man, the oldest type of modern Homo sapiens in East Asia. 第四紀研究, 30 : 221-230.

Baba H., Narasaki S. and Ohyama S. (1998) Minatogawa hominid fossils and the evolution of Late Pleistocene humans in East Asia. Anthropological Science, 106 (suppl.) : 27-45.

Baelz E. (1911) Die Riu-Kiu-Insulaner, die Aino und andere kaukasierähnliche Reste in Ostasien. Korrespondenz-Blatt der Deutschen Gesellschaft für Anthropologie, Ethnologie und Urgeschichte, 42 : 187-191.

Berry A.C. and Berry R.J. (1967) Epigenetic variation in the human cranium. Journal of Anatomy, 101 : 361-379.

Brace C.L. and Nagai M. (1982) Japanese tooth size : past and present. American Journal of Physical Anthropology, 59 : 399-411.

Brace C.L., Brace M.L. and Leonard W.R. (1989) Reflections of the face of Japan : a multivariate craniofacial and odontometric perspective. American Journal of Physical Anthropology, 78 : 93-113.

Busk G. (1867) Description of an Aino skull. Transaction of the Ethnological Society of London, New Series, 5 : 109-111.

Chiarelli A.B. and Tarli S.M.B. (1979) Section I. Non-metric Traits—Bibliography. Journal of Human Evolution, 8 : 705-708.

Corruccini R.S. (1974) An examination of the meaning of cranial discrete traits for human skeletal biological studies. American Journal of Physical Anthropology, 40 : 425-446.

Czarnetzki A. (1971) Epigenetische Skelettmerkmale im Populationsvergleich. I. Rechts-links-Unterschiede bilateral angelegter Merkmale. Zeitschrift für Morphologie und Anthropologie, 63 : 238-254.

Davis J.B. (1870) Description of the skeleton of an Aino woman, and of three skulls of men of the race. Memoir Read before Anthropological Society of London, 3 : 21-40.

De Villiers H. (1968) The Skull of the South African Negro. Witwatersrand University, Johannesburg.

Dodo Y. (1974) Non-metical cranial traits in the Hokkaido Ainu and the northern Japanese of recent times. Journal of the Anthropological Society of Nippon, 82 : 31-51.

Dodo Y. (1975) Non-metric traits in the Japanese crania of the Edo period. Bulletin of the National Science Museum, Tokyo, Ser. D, 1 : 41-54.

引用文献

Dodo Y. (1980) Appearance of bony bridging of the hypoglossal canal during the fetal period. Journal of the Anthropological Society of Nippon, 88 : 229-238..

Dodo Y. (1983) A human skull of the Epi-Jomon period from the Minami-Usu-Six site, Date, Hokkaido. Journal of the Anthropological Society of Nippon, 91 : 169-186.

Dodo Y. (1986a) Metrical and non-metrical analyses of Jomon crania from eastern Japan. Akazawa T. and Aikens C.M. (eds.) Prehistoric Hunter-Gatherers in Japan. University Museum, University of Tokyo Bulletin No. 27 : 137-161.

Dodo Y. (1986b) Observations on the bony bridging of the jugular foramen in man. Journal of Anatomy, 144 : 153-165.

Dodo Y. (1987) Supraorbital foramen and hypoglossal canal bridging : the two most suggestive nonmetric cranial traits in discriminating major racial groupings of man. Journal of the Anthropological Society of Nippon, 95 : 19-35.

Dodo Y. and Ishida H. (1987) Incidences of nonmetric cranial variations in several population samples from East Asia and North America. Journal of the Anthropological Society of Nippon, 95 : 161-177.

Dodo Y. and Ishida H. (1990) Population history of Japan as viewed from cranial nonmetric variations. Journal of the Anthropological Society of Nippon, 98 : 269-287.

Dodo Y. and Ishida H. (1992) Consistency of nonmetric cranial trait expression during the last 2000 years in the habitants of the central islands of Japan. Journal of the Anthropological Society of Nippon, 100 : 417-423.

Dodo Y., Ishida H. and Saitou N. (1992) Population history of Japan : a cranial nonmetric approach. Akazawa T., Aoki K. and Kimura T. (eds.) The Evolution and Dispersal of Modern Humans in Asia. Hokusen-sha

Dodo Y., Doi N. and Kondo O. (1998) Ainu and Ryukyuan cranial nonmetric variation : evidence which disputes the Ainu-Ryukyu common origin theory. Anthropological Science, 106 : 99-120.

Dodo Y., Doi N. and Kondo O. (2000) Flatness of facial skeletons of Ryukyuans. Anthropological Science, 108 : 183-198.

Dodo Y. and Kawakubo Y. (2002) Cranial affinities of the Epi-Jomon inhabitants in

Hokkaido, Japan. Anthropological Science, 110:1-32.

Dodo Y. and Sawada J. (2010) Supraorbital foramen and hypoglossal canal bridging revisited: their worldwide frequency distribution. Anthropological Science, 118:65-71.

Doi N. (2004) Prehistoric and Gusku people in Okinawa as viewed from skeletal morphology. Anthropological Science, 112:291. (abstract)

Doi N., Dodo Y. and Kondo O. (1997) Amami-Okinawans as viewed from cranial measurements. Anthropological Science, 105:79. (abstract)

Dumond D.E. (1987) A reexamination of Eskimo-Aleut prehistory. American Anthropologist (New Series), 89:32-56.

Falconer D.S. (1965) The inheritance of liability to certain diseases, estimated from the incidence among relatives. Annals of Human Genetics, London, 29:51-76.

Fukase H., Wakebe T., Tsurumoto T., Saiki K., Fujita M. and Ishida H. (2012a) Geographic variation in body form of prehistoric Jomon males in the Japanese archipelago: its ecogeographic implications. American Journal of Physical Anthropology, 149:125-135.

Fukase H., Wakebe T., Tsurumoto T., Saiki K., Fujita M. and Ishida H. (2012b) Facial characteristics of the prehistoric and early-modern inhabitants of the Okinawa islands in comparison to the contemporary people of Honshu. Anthropological Science, 120:23-32.

Fukumine T., Hanihara T., Nishime A. and Ishida H. (2006) Nonmetric cranial variation of early modern human skeletal remains from Kumejima, Okinawa and the peopling of the Ryukyu Islands. Anthropological Science, 114:141-151.

Fukumoto I. and Kondo O. (2010) Three-dimensional craniofacial variation and occlusal wear severity among inhabitants of Hokkaido: comparisons of Okhotsk culture people and the Ainu. Anthropological Science, 118:161-172.

Green R.F., Suchey J.M. and Gokhale D.V. (1979) The statistical treatment of correlated bilateral traits in the analysis of cranial material. American Journal of Physical Anthropology, 50:629-634.

Hagihara Y. and Nara T. (2013) Lower limbs of a skeleton of the Kofun period from the Miura peninsula showed the characteristics of the Jomon people. Anthropological Science, 121:268. (abstract)

引用文献

Hammer M.F., Karafet T.M., Park H., Omoto K., Harihara S., Stoneking M. and Horai S. (2006) Dual origins of the Japanese : common ground for hunter-gatherer and farmer Y chromosomes. Journal of Human Genetics, 51 : 47-58.

Hanihara K. (1985) Origins and affinities of Japanese as viewed from cranial measurements. Kirk R. and Szathmary E. (eds.) , Out of Asia——Peopling the Americas and the Pacific. The Journal of Pacific History, Canberra.

Hanihara K. (1991) Dual structure model for the population history of the Japanese. Japan Review, 2 : 1-33.

Hanihara K., Masuda T. and Tanaka T. (1974) Affinities of dental characteristics in the Okinawa Islanders. Journal of the Anthropological Society of Nippon, 82 : 75-82.

Hanihara T. (1989) Comparative studies of dental characteristics in the Aogashima Islanders. Journal of the Anthropological Society of Nippon, 97 : 9-22.

Hanihara T. (2010) Metric and nonmetric dental variation and the population structure of the Ainu. American Journal of Human Biology, 22 : 163-171.

Hanihara T. and Ishida H. (2001a) Frequency variations of discrete cranial traits in major human populations. III. Hyperostotic variations. Journal of Anatomy, 199 : 251-272.

Hanihara T. and Ishida H. (2001b) Frequency variations of discrete cranial traits in major human populations. IV. Vessel and nerve related variations. Journal of Anatomy, 199 : 273-287.

Hanihara T., Yoshida K. and Ishida H. (2008) Craniometric variation of the Ainu : an assessmnt of differential gene flow from Northeast Asia into northern Japan, Hokkaido. American Journal of Physical Anthropology, 137 : 283-293.

Hanihara T. and Ishida H. (2009) Regional differences in craniofacial diversity and the population history of Jomon Japan. American Journal of Physical Anthropology, 139 : 311-322.

Hauser G. and De Stefano G.F. (1985) Variation in form of the hypoglossal canal. American Journal of Physical Anthropology, 67 : 7-11.

Hauser G. and De Stefano G.F. (1989) Epigenetic Variants of the Human Skull. Schweizerbart, Stuttgart.

Horai S., Murayama K., Hayasaka K., Matsubayashi S., Hattori Y., Fucharoen G., Harihara S., Park K.S., Omoto K. and Pan I-H. (1996) mtDNA polymorphism in East Asian populations, with special reference to the peopling of Japan. American Journal of Human Genetics, 59 : 579-590.

Howells W.W. (1966) The Jomon population of Japan : a study by discriminant analysis of Japanese and Ainu crania. Papers of the Peabody Museum of Archaeology and Ethnology, Harvard University, 57 : 1-43.

Ishida H. (1988) Morphological studies of Okhotsk crania from Ōmisaki, Hokkaido. Journal of the Anthropological Society of Nippon, 96 : 17-45.

Ishida H. (1990) Cranial morphology of several ethnic groups from the Amur basin and Sakhalin. Journal of the Anthropological Society of Nippon, 98 : 137-148.

Ishida H. (1992) Flatness of facial skeletons in Siberian and other circum-Pacific populations. Zeitschrift für Morphologie und Anthropologie, 79 : 53-67.

Ishida H. (1995) Nonmetric cranial variation of Northeast Asians and their population affinities. Anthropological Science, 103 : 385-401.

Ishida H. (1996) Metric and nonmetric cranial variation of the prehistoric Okhotsk people. Anthropological Science, 104 : 233-258.

Ishida H. (1997) Craniometric variation of the Northeast Asian populations. HOMO, 48 : 106-124.

Japanese Archipelago Human Population Genetics Consortium (2012) The history of human populations in the Japanese Archipelago inferred from genome-wide SNP data with a special reference to the Ainu and the Ryukyuan populations. Journal of Human Genetics, 57 : 787-795.

Jidoi K., Nara T. and Dodo Y. (2000) Bony bridging of the mylohyoid groove of the human mandible. Anthropological Science, 108 : 345-370.

Kaburagi M., Ishida H., Goto M. and Hanihara T. (2010) Comparative studies of the Ainu, their ancestors, and neighbors : assessment based on metric and nonmetric dental data. Anthropological Science, 118 : 95-106.

Kanaseki T. and Tabata T. (1930) Über die körpergrösse des Tsukumo-Steinzeitmenshen

引用文献

Japans. Folia Anatomica Japonica, 8 : 265-282.

Kanda S. (1978) Anthropological study on the excavated skulls from the Usu shell mound in Hokkaido, Japan – a contribution to the Ainu problem. Zeitschrift für Morphologie und Anthropologie, 69 : 209-223.

Kato N. and Outi H. (1962) Relation of the supraorbital nerve and vessels to the notch and foramen of the supraorbital margin. Okajimas Folia Anatomica Japonica, 38 : 411-424.

Kawakubo Y. (2007) Geographical and temporal variation in facial flatness in the crania of eastern Japan. Anthropological Science, 115 : 191-200.

Kawakubo Y., Dodo Y. and Kuraoka A. (2013) Two hyperostotic non-metric traits, carotico-clinoid foramen and pterygospinous foramen, which appear at an early developmental stage in the human cranium. Anthropological Science, 121 : 123-130.

Kennedy G.E. (1986) The relationship between auditory exostoses and cold water : a latitudinal analysis. American Journal of Physical Anthropology, 71 : 401-415.

Kodama S. (1970) Ainu : Historical and Anthropological Studies. Hokkaido University School of Medicine.

Koganei Y. (1893-1894) Beiträge zur physischen Anthropologie der Aino. Mittheilungen aus der Medicinischen Facultät der Kaiserlich-Japanischen Universität. II Band.

Komesu A., Hanihara T., Amano T., Ono H., Yoneda M., Dodo Y., Fukumine T. and Ishida H. (2008) Nonmetric cranial variation in human skeletal remains associated with Okhotsk culture. Anthropological Science, 116 : 33-47.

Korey K.A. (1980) The incidence of bilateral nonmetric skeletal traits : a reanalysis of sampling procedures. American Journal of Physical Anthropology, 53 : 19-23.

Kozintsev A. (1990) Ainu, Japanese, their ancestors and neighbours : cranioscopic data. Journal of the Anthropological Society of Nippon, 98 : 247-267.

Kozintsev A.G. (1992) Prehistoric and recent populations of Japan : multivariate analysis of cranioscopic data. Arctic Anthropology, 29 : 104-111.

Krause J., Fu Q., Good J.M., Viola B., Shunkov M.V., Derevianko A.P. and Pääbo S. (2010) The complete mitochondrial DNA genome of an unknown hominin from southern Siberia. Nature, 464 : 894-897.

McGrath J.W., Cheverud J.M. and Buikstra J.E. (1984) Genetic correlations between sides and heritability of asymmetry for nonmetric traits in rhesus macaques on Cayo Santiago. American Journal of Physical Anthropology, 64 : 401-411.

Manabe Y., Kitagawa Y., Oyamada J., Igawa K., Kato K., Kikuchi N., Maruo H., Kobayashi S. and Rokutanda A. (2008) Population history of the northern and central Nansei Islands (Ryukyu island arc) based on dental morphological variations : gene flow from North Kyushu to Nansei Islands. Anthropological Science, 116 : 49-65.

Masuda R., Amano T. and Ono H. (2001) Ancient DNA analysis of brown bear (*Ursus arctos*) remains from the archaeological site of Rebun Island, Hokkaido, Japan. Zoological Science, 18 : 741-751.

Matsumura A. (1925) On the cephalic index and stature of the Japanese and their local differences. A contribution to the physical anthropology of Japan. Journal of the Faculty of Science, Imperial University of Tokyo, Sec. V, Vol. 1, Part 1.

Matsumura H. (1990) Geographical variation of dental characteristics in the Japanese of the protohistoric Kofun period. Journal of the Anthropological Society of Nippon, 98 : 439-449.

Matsumura H. (1995) A microevolutional history of the Japanese people as viewed from dental morphology. National Science Museum Monographs No. 9, National Science Museum, Tokyo.

Matsumura H. (2001) Differentials of Yayoi immigration to Japan as derived from dental metrics. HOMO, 52 : 135-156.

Matsumura H. (2007) Non-metric dental trait variation among local sites and regional groups of the Neolithic Jomon period, Japan. Anthropological Science, 115 : 25-33.

Matsumura H., Ishida H., Amano T., Ono H. and Yoneda M. (2009) Biological affinities of Okhotsk-culture people with East Siberians and Arctic people based on dental characteristics. Anthropological Science, 117 : 121-132.

Mizoguchi Y. (1988) Affinities of the protohistoric Kofun people of Japan with pre- and proto-historic Asian populations. Journal of the Anthropological Society of Nippon, 96 : 71-109.

Mizushima S. (2009) Growth patterns of the limb bone proportion of the Jomon and modern

引用文献

Japanese people. Anthropological Science, 117 : 197. (abstract)

Miyazato E., Yamaguchi K., Fukase H., Ishida H. and Kimura R. (2014) Comparative analysis of facial morphology between Okinawa Islanders and mainland Japanese using three-dimensional images. American Journal of Human Biology, 26 : 538-548.

Molleson T. and Cox M. (1993) The Spitalfields Project. Volume 2 : the anthropology. The Middling Sort. CBA Research Report 86, Council for British Archaeology.

Mouri T. (1976) A study of non-metrical cranial variants of the modern Japanese in the Kinki District. Journal of the Anthropological Society of Nippon, 84 : 191-203.

Mouri T. (1996) Nonmetric cranial variants in a medieval Japanese sample from Ichikishima-jinja Site. Anthropological Science, 104 : 89-98.

Oetteking B. (1930) Craniology of the North Pacific Coast. The Jesup North Pacific Expedition, Memoir of the American Museum of Natural History, Vol. 11.

Ohno K., Kawakubo Y., Dodo Y. and Kuraoka A. (2013) Secular changes in the degree of alveolar prognathism in western and eastern Japan. Anthropological Science, 121 : 251. (abstract)

Omoto K. (1995) Genetic diversity and the origins of the "Mongoloids". Brenner S. and Hanihara K. (eds.) The Origin and Past of Modern Humans as Viewed from DNA. World Scientific, Singapore.

Omoto K. and Saitou N. (1997) Genetic origins of the Japanese : a partial support for the dual structure hypothesis. American Journal of Physical Anthropology, 102 : 437-446.

Ossenberg N.S. (1969) Discontinuous Morphological Variation in the Human Cranium. Ph.D. Thesis of University of Toronto.

Ossenberg N.S. (1970) The influence of artificial cranial deformation on discontinuous morphological traits. American Journal of Physical Anthropology, 33 : 357-372.

Ossenberg N.S. (1981) An argument for the use of total side frequencies of bilateral nonmetric skeletal traits in population distance analysis : the regression of symmetry on incidence. American Journal of Physical Anthropology, 54 : 471-479.

Ossenberg N.S. (1986) Isolate conservatism and hybridization in the population history of Japan : the evidence of nonmetric cranial traits. Akazawa T. and Aikens C.M. (eds.)

Prehistoric Hunter-Gatherers in Japan. University Museum, University of Tokyo Bulletin No. 27 : 199-215.

Ossenberg N.S. (1994) Origins and affinities of the native peoples of northwestern North America : the evidence of cranial nonmetric traits. Bonichsen R. and Steele D.G. (eds) , Method and Theory for Investigating the Peopling of the Americas. Center for the Study of the First Americans, Department of Anthropology, Oregon State University.

Ossenberg N.S., Dodo Y., Maeda T. and Kawakubo Y. (2006) Ethnogenesis and craniofacial change in Japan from the perspective of nonmetric traits. Anthropological Science, 114 : 99- 115.

Pearson K. (1899) Mathematical contribution to the theory of evolution. V. On the reconstruction of the stature of prehistoric races. Philosophical Transactions of the Royal Society of London, Ser. A, 192 : 169-244.

Pietrusewsky M. (1999) A multivariate craniometric study of the inhabitants of the Ryukyu Islands and comparisons with cranial series from Japan, Asia, and Pacific. Anthropological Science, 107 : 255-281.

Pietrusewsky M. (2004) Multivariate comparisons of female cranial series from the Ryukyu Islands and Japan. Anthropological Science, 112 : 199-211.

Reich D., Green R.E., Kircher M., Krause J., 他 24 名 (2010) Genetic history of an archaic hominin group from Denisova Cave in Siberia. Nature, 468 : 1053-1060.

Relethford J.H. and Blangero J. (1990) Detection of differential gene flow from patterns of quantitative variation. Human Biology, 62 : 5-25.

Saiki K., Wakebe T. and Nagashima S. (2000) Cranial nonmetrical analyses of the Yayoi people in the northwestern Kyushu area. Anthropological Science, 108 : 27-44.

Saitou N. and Nei M. (1987) The neighbor-joining method : a new method for constructing phylogenetic trees. Molecular Biology and Evolution, 4 : 406-425.

Sato T., Amano T., Ono H., Ishida H., Kodera H., Matsumura H., Yoneda M. and Masuda R. (2009) Mitochondrial DNA haplogrouping of the Okhotsk people based on analysis of ancient DNA : an intermediate of gene flow from the continental Sakhalin people to the Ainu. Anthropological Science, 117 : 171-180.

引用文献

Shang H., Tong H., Zhang S., Chen F. and Trinkaus E. (2007) An early modern human from Tianyuan Cave, Zhoukoudian, China. PNAS, 104 : 6573-6578.

Shigematsu M., Ishida H., Goto M. and Hanihara T. (2004) Morphological affinities between Jomon and Ainu : reassessment based on nonmetric cranial traits. Anthropological Science, 112 : 161-172.

Sjøvold T. (1977) Non-metrical divergence between skeletal populations : the theoretical foundation and biological importance of C.A.B. Smith's mean measure divergence. Ossa, 4 (supplement 1) : 1-133.

Sullivan L.R. (1922) The frequency and distribution of some anatomical variations in Amerind crania. American Museum of Natural History, Anthropological Paper, 23 : 203-258.

Suzuki H. (1969) Microevolutional changes in the Japanese population from the prehistoric age to the present-day. Journal of the Faculty of Science, University of Tokyo, Sec. V. Vol. III, Part 4 : 279-308.

Suzuki H. and Hanihara K. (eds.) (1982) The Minatogawa Man – The Upper Pleistocene Man from the Island of Okinawa. University Museum, University of Tokyo Bulletin No.19.

Tagaya A. and Ikeda J. (1976) A multivariate analysis of the cranial measurements of the Ryukyu Islanders (males). Journal of the Anthropological Society of Nippon, 84 : 204-220.

Tajima A., Hayami M., Tokunaga K., Juji T., Matsuo M., Marzuki S., Omoto K. and Horai S. (2004) Genetic origins of the Ainu inferred from combined DNA analyses of maternal and paternal lineages. Journal of Human Genetics, 49 : 187-193.

Temple D.H., Okazaki K. and Cowgill L.W. (2011) Ontogeny of limb proportions in Late through Final Jomon period forager. American Journal of Physical Anthropology, 145 : 415-425.

Turner II C.G. (1976) Dental evidence on the origins of the Ainu and Japanese. Science, 193 : 911-913.

Watanabe S., Kondo S. and Matsunaga E. (eds.) (1975) Anthropological and Genetic Studies on the Japanese. JIBP Synthesis, Volume 2. Japanese Committee for the International Biological Program, Science Council of Japan.

Woo T.L. and Morant G.M. (1934) A biometric study of the "flatness" of the facial skeleton in man. Biometrika, 26 : 196-250.

Wood-Jones F. (1931) The non-metrical morphological characters of the skull as criteria for racial diagnosis. Part 1. General discussion of the morphological characters employed in racial diagnosis. Journal of Anatomy, 65 : 179-195.

Wu R. and Olsen J.W. (eds.) (1985) Palaeoanthropology and Palaeolithic Archaeology in the People's Republic of China. Academic Press.

Yamaguchi B. (1967) A comparative osteological study of the Ainu and the Australian Aborigines. Australian Institute of Aboriginal Studies, Occasional Papers Number 10, Human Biology Series Number 2, Canberra.

Yamaguchi B. (1973) Facial flatness measurements of the Ainu and Japanese crania. Bulletin of the National Science Museum, Tokyo, 16 : 161-171.

Yamaguchi B. (1982) A review of the osteological characteristics of the Jomon population in prehistoric Japan. Journal of the Anthropological Society of Nippon, 90 (suppl.) : 77-90.

Yamaguchi B. (1985) The incidence of minor non-metric cranial variations in the Protohistoric human remains from eastern Japan. Bulletin of the National Science Museum, Tokyo, Ser. D, 11 : 13-24.

Yamaguchi B. (1986) Metric characters of the femora and tibiae from Protohistoric sites in eastern Japan. Bulletin of the National Science Museum, Tokyo, Ser. D, 12 : 11-23.

Yamaguchi B. (1987) Metric study of the crania from Protohistoric sites in eastern Japan. Bulletin of the National Science Museum, Tokyo, Ser. D, 13 : 1-9.

Yamaguchi B. (1988) Protohistoric human skeletal remains from the Goshōzan cave site in Ishinomaki. Bulletin of the National Science Museum, Tokyo, Ser. D, 14 : 19-28.

Yamaguchi B. (1990) The hand bones of the Jomon remains from the Ebishima (Kaitori) shell mound in Hanaizumi, Iwate Prefecture. Bulletin of the National Science Museum, Tokyo, Ser. D, 16 : 31-38.

Yamaguchi B. (1991) The foot bones of the Jomon remains from the Ebishima (Kaitori) shell mound in Hanaizumi, Iwate Prefecture. Bulletin of the National Science Museum, Tokyo, Ser. D, 17 : 9-19.

Yamaguchi B. (1992a) Notes on the human skeleton of the Early Jomon phase from the

引用文献

Meotoiwa rock shelter site in Ogose, Saitama Prefecture. Bulletin of the National Science Museum, Tokyo, Ser. D, 18 : 29-37.

Yamaguchi B. (1992b) Skeletal morphology of the Jomon people. Hanihara K. (ed.) Japanese as a Member of the Asian and Pacific Populations. International Research Center for Japanese Studies.

Yamaguchi B., Sato I. and Dodo Y. (1973) A brief note on the supra-orbital nerve groove on the frontal surface of the human cranium. Bulletin of the National Science Museum, Tokyo, 16 : 571-579.

Yamaguchi B. and Ishida H. (2000) Human skeletal remains of the Heian period from the Tekiana cave site on Tobi-shima, Yamagata Prefecture. Bulletin of the National Science Museum, Tokyo, Ser. D, 26 : 1-16.

Yamano S. and Yamaguchi B. (1976) On the mylohyoid canal in the human mandible. Bulletin of the National Science Museum, Tokyo, Ser. D, 2 : 37-44.

図の出典 (注)

図 2.　百々（1995a）の図 7 を一部改変.

図 3.　百々（1995a）の図 4 を一部改変.

図 4.　百々（1995a）の図 5 を一部改変.

図 5.　佐伯史子氏復元.

図 6.　Fukase et al.（2012）の図 2 を改変.

図 7.　山口（1981a）の図 2 を転載.

図 8.　Matsumura（2007）の図 2 を改変.

図 9.　d の沖縄県具志川島 2006 の写真は土肥直美氏提供、沖縄県立埋蔵文化財セン
　　ター蔵.

図 13.　百々（1995a）の図 3 を改変.

図 14.　広田弥生人の写真は川久保善智氏提供、大友弥生人の写真は内藤芳篤氏提供.

図 15.　内藤（1984）の図 1 を改変.

図 17.　土肥（1998）の図 10 を改変.

図 19.　川久保ほか（2009）の図 4 を転載.

図 20.　Yamaguchi（1986）の図 2 を改変.

図 22.　中橋（1987）の図 4 を改変.

図 23.　中橋（1990）の図 11 を改変.

図 26.　山口（1981b）の図 1 を転載.

図 31.　百々（1995a）の図 24 を転載.

図 34.　Dodo and Ishida（1987）の図 1 を改変.

図 35.　Dodo（1975）の図 2 を改変.

図 37.　Dodo（1986）の図 5 を改変.

図 38.　百々・石田（1988）の図 2 を改変.

図 39.　Dodo and Ishida（1992）の図 1 を改変.

図 40.　Dodo and Ishida（1990）の図 2 を改変.

図 41. Dodo et al.（1992）の図 28.3 を改変.

図 46. Dodo and Kawakubo（2002）の図 5 を改変.

図 47. Dodo and Kawakubo（2002）の図 8 を改変.

図 48. Dodo et al.（1998）の図 4 を改変.

図 49. Dodo et al.（2000）の図 5 を改変.

図 50. Japanese Archipelago Human Population Genetics Consortium（2012）の図 4b を改変.

図 51. 池田・多賀谷（1980）の図 3a を転載.

図 52. Japanese Archipelago Human Population Genetics Consortium（2012）の図 5 を改変.

図 53. 百々（1995a）の図 25 を一部改変.

図 54. Dodo and Sawada（2010）の図 1 を改変.

図 58. 川久保ほか（2009）の図 5 を転載.

図 59. 安達ほか（2009, 2013）；Adachi et al.（2011,a,b）；Sato et al.（2009）；Tajima et al.（2004）のデータから作図.

図 60. 百々ほか（2012a）の図 2 を改変.

図 61. 百々ほか（2012a）の図 5 を転載.

図 62. 百々ほか（2012a）の図 6 を転載.

図 64. 百々ほか（2012b）の図 3 を一部改変.

図 65. 西鶴定嘉（1942）「樺太アイヌ」（樺太廳）の表紙の写真を転載.

図 66. 百々ほか（2012b）の図 6 を一部改変.

図 67. 百々ほか（2013）の図 3 を転載.

図 68. 百々ほか（2013）の図 5 を転載.

図 70. 百々ほか（2013）の図 10 を転載.

注）図の転載または改編はすべて著作権法を順守している。

索　引

＜人名索引＞

あ

赤澤 威　105、107、110、113、117、118
赤堀英三　100
安里 進　154
安達 登　15、69、187、225
足立文太郎　86
阿部祥人　178

い

池田次郎　ⅰ、22、23、43、44、48、149、151、159
石井敏弘　107、109
石田 肇　46、66、95、113、117、122、162、169、170、174、189 － 191、203、208、210、211、215
伊藤昌一　67、68、196

お

大井晴男　211
大内 弘　87
大島直行　117、118、121、128、129
大野憲五　54
大場利夫　207
大山盛保　29、30
岡崎健治　50
小片 保　21-23、25、27、32、42
オッセンバーグ　86、107、134
尾本惠市　ⅰ、103、145、147、159、165-169

か

海部陽介　35、107
片山一道　80
カミンガ　122
川久保善智　46、54、69、142、190
河村善也　176
欠田早苗　71、72

き

菊池俊彦　61
キャヴァリ・スフォルザ　122

清野謙次　149
許 鴻樑　148

く

工藤雅樹　182
栗栖浩二郎　70

け

ケネディ　81

こ

小金井良精　64、65、74、86、111、172、219、220、221
コジンツェフ　162、185
児玉作左衛門　165、202、205、206
小浜基次　69
米須敦子　202
コルッキーニ　90
近藤 修　137、140、164、174、215-217

さ

斎藤成也　ⅰ、122、139、145、146、147、153、159
佐伯和信　114、115
佐伯史子　5
坂上和弘　116
佐々木高明　1、2、21、24
佐宗亜衣子　34、
佐藤丈寛　69、187
サリヴァン　89、90
澤田純明　178、190、230

し

茂原信生　27、82、178、218
地土井健太郎　25-27
篠田謙一　ⅰ、170、189
ショーボル　97
新谷 行　102、103

す

鈴木敏彦　176、184
鈴木 尚　ⅰ、19、25、29、30、49、56、81、100、105、124、173、221

鈴木文太郎　86
須田昭義　137、144、145、149、151、159
諏訪 元　30、35、230

せ

瀬川拓郎　61、211

た

高橋杏三　117
高椋浩史　54
多賀谷昭　149、151、159
瀧川 渉　10、14、15、55
竹田輝雄　75、76
田嶋 敦　187
田名網宏　183
田中健太郎　11

つ

ツァルネツキー　93
坪井正五郎　219

て

デイビス　219

と

土肥直美　34、137、140、154、155
百々幸雄　103、115、140
鳥居龍蔵　60、61

な

内藤芳篤　41
永井昌文　3、55、114
中橋孝博　ⅰ、42、55
中村良幸　175
名倉洋子　230
奈良貴史　174、176、178

ね

根井正利　139

は

ハウェルズ　125、126
バスク　219
長谷部言人　79、106、124、173、174、221
埴原和郎　ⅰ、47、103、126、138、143、144、
　145、159、165、167
埴原恒彦　162、169、174、184、215

馬場悠男　30、33、170

ひ

ピートルセウスキー　152、159
平本嘉助　5、56

ふ

ファルコナー　164
深瀬 均　9、14、19、23、31-33、57、156-
　158
譜久嶺忠彦　158
布施現之助　173
ブレイス　3、51、52

へ

ベルツ　137、141-144、147、160
ベリー夫妻　85、88、90、92、96、97

ほ

宝来 聰　185
堀口正治　109、110

ま

前田朋子　12
増田隆一　207
増山元三郎　96
松下孝幸　34、41、55
松村博文　16、40、47、185、207
松本建速　183
松本彦七郎　25、106
真鍋義孝　124、153、159

み

水嶋崇一郎　12
溝口優司　34、54、105
三橋公平　23、109、110、117、129
峰山 巖　128
三宅宗悦　148
宮里絵理　142

も

毛利俊雄　90-96、115、120、151、152
モレソン　163

や

山口 敏　ⅰ、12-14、22、25、44-46、55、67、
　68、75、77、79、83、97、105、118、124、

索　引

　　　　140、147、169、172、173、189、196、230
山内清男　173
山野秀二　13

ゆ

結城庄司　102

よ

米田　穣　72

わ

渡辺左武郎　74

<事項索引>

あ

アイヌ語地名　182、183
アイヌ骨格の特徴　61
アイヌ政策推進会議　221
アイヌ説　51、111、182、219
アイヌ人骨の実態調査　222
アイヌの地域差　66、67、196、200、202
アイヌ墳墓発掘　220
アイヌ・琉球同系説　140、142、145-149、
　　151、153、158-160、225
青島貝塚　2、169、171
青苗砂丘遺跡　207
アバクチ洞穴遺跡　40、175、177
アムール川下流域　66、69、190、191、203、
　　205、208、210
アムール・ニブフ　191、192、193、203、211、
　　212
アラスカエスキモー　91、201
アリュート　91、201、202、205

い

遺骨返還　222
磯間岩陰遺跡　45
市杵嶋神社遺跡　120
遺伝子頻度モデル　215
遺伝子流入　69、216
遺伝的距離　139、145-147、166
遺伝的浮動　216
遺伝率　163-165
イヌイット（カナダエスキモー）　14、91、
　　201、202
入江貝塚　79
慰霊施設　222

う

ウサクマイ遺跡　70
有珠善光寺遺跡　69、71、128
有珠鉄器貝塚人　69、70、128
有珠モシリ遺跡　117、128-132
有珠4遺跡　69
内モンゴル　169
ウトロ遺跡　128
大当原貝塚人　42
雲光院　90、100、101、120、121、133、190

え

X線CT　27、35、226
江戸時代人骨　49、52、90、100、179、180
絵鞆遺跡　128、207
蝦夷の人種論争　179、182、225

お

横頬骨縫合痕跡　87、88、90、157、180、185、
　　192、208、209、212
大友遺跡　36、41
大谷寺洞穴遺跡　21
沖縄貝塚時代　42、154、156
沖縄先史時代人　19、34、157、158
沖縄の縄文人　11、31、32、34、35、42、43、
　　156、157、226
オーストラリア先住民　14、97、162、166、
　　168
小竹貝塚　116
小浜遺跡　50
オホーツク人　13、66、69、142、159、187-
　　196、202-213、216、217、221、225
オホーツク文化　66、67、68、125、189、
　　191、196、205、207、208、210
オンコロマナイ遺跡　125、207

か

外耳道骨種　71、79-81、111
解剖学的方法　5、6
核DNA　218
風穴洞穴遺跡　175
金隈遺跡　36、40、120、190
鎌倉材木座遺跡　49
鎌倉の"さむらい"　51
上黒岩岩陰遺跡　21
神恵内村　75、76、77、218、229
川原田洞穴遺跡　21
樺太アイヌ　60、61、66、95、125、191-205、
　　210-213、218、225
眼窩上孔　74、83、85-88、95、99、112、
　　157、161-165、168-180、185、192、208、
　　209
観察者間誤差　89、180、192、203
観音堂洞穴遺跡　21
寒冷適応　10、126、166、167

き

北黄金貝塚　4、23

索引

北村遺跡 82
逆正弦変換（角変換）96、209
旧石器時代人 1、8、28、29、33-35、82、
　145、146、169、174、225、226
旧石器発掘ねつ造 29
清野コレクション 61、191
玉泉洞風葬墓 138
キーロー人 34
近畿地方の現代人 92、100
近隣結合法 16、17、139、140、146、147、
　158、159、168

く

グスク時代 154-158
熊野堂 2、3、45
クラスター分析 120-123、133、145、159、
　166、201

け

脛骨大腿骨示数 8、32、38-41、45、55、57、
　62、63、155、156
計測的研究 89、111、126、137、158、203
計測的特徴 6、61、63、68、85、100、121、
　196、215
形態小変異の特徴 83
系統関係 34、89、168、178、215
系統樹 146、147、159
系統論 81、215
計量遺伝学 189
現生人類 10、29、34、122、167、168

こ

公開質問状 102、103
項目間の相関 95、96、99、100
小金井コレクション 61、191
五松山洞穴遺跡 45
個体別集計 93、94
骨過形成的 71、93、95、99、108、109
骨形成不全的 93、99、108
骨産道 54
古墳時代人 2、3、16、43、44、46-49、54、
　56、57、120-122、133、142、153、179、
　180、184、190、194、219
小幌洞窟 128
古モンゴロイド 167

さ

栄浦第一遺跡 128
札幌医科大学での人類学会 101、220
擦文時代人骨 70-75、128
擦文文化 66、70、193、207
里浜貝塚 45、50
サハリン島 189
左右の相関 93
三貫地貝塚 116
3号頭骨 76

し

次世代シークエンサー 218、226
歯槽性突顎 54、155
下田ノ沢遺跡 72、74
蛇王洞洞穴遺跡 24
シャベル状切歯 3、9、105、166
周口店山頂洞人 33
主座標分析 192、195-198、203、204
集団間の距離 85、91、96、97、158、197、
　199、203
上顔示数 6、7、23、38、39、42、44、62、63
小進化説 56、57、101、124、173
縄文時代 ii、1、2、5、9、15、34、36、41、
　56-60、68、81、106、117、119、124、
　128、152-155、173、174、176、196、221、
　223
縄文人骨の特徴 2、81
縄文人の均質性 14、226
縄文人の地域差 9、12、16
縄文前期人 22-24
縄文早期人 21-28
人種の孤島 161、165、166、169、225
新生児骨 105-109

す

州崎館跡 50
鈴谷式土器 208
スピタルフィールズ 14、163、164
スミスの距離 16、17、85、91、92、95、97、
　98、111、114、115、119、120、121、127、
　133、139、153、158、166、170、180、
　181、192-204、210、211

せ

生活誌 81
生活論 81-83

西北九州弥生人　41、114-116

舌下神経管二分　84-88、95、99、108、109、112、157、161-164、168、169、180、192、208、209

前頭縫合　87-90、115、116、157、192、208、209

そ

続縄文時代　59、60、68、117、125、128-130、182、188、189、207

続縄文人　59、66、69、79、94、113、125、128、130-134、135、187-189、193、194-196、202、203、20-210、217、

続縄文土器　59、128、183、208

側別集計　93-95、132、157、191、201、203

咀嚼筋　12-14

た

第3後頭顆　73-75

大陸系弥生人　20、38-41、178、190

高砂貝塚　4、79

伊達市噴火湾文化研究所　69、132、229

多変量解析　95、125、149-153、169、170

単一塩基多型（SNP）　146、147

短頭化現象　52、105

ち

地域差の程度　196、199、202

千島アイヌ　60、61、66、197

茶津4号洞穴遺跡　207

チャンドマン遺跡　170、171

柱状示数　7、33、34、41、45、47、48、55

柱状大腿骨　4

長頭の中世人　49

地理的勾配　8、9、12-14、180-183

つ

津雲貝塚　5、12、14、23

付け柱（ピラスター）　4、33、34、45、47、48、55、62

ツングース系　191

て

狭穴洞穴遺跡　46

適応形態　216

デデリエ洞窟　107

デニソア人　168

田園洞人　33

典型性確率　34

と

土井ヶ浜遺跡　20、21、34、114、190

土井ヶ浜弥生人　21、113-115、120-124、133、190-193

橈骨上腕骨示数　7、32、38-41、45、55、62、63

頭骨長幅示数　6、7、39、42、50-53、62、155

頭骨の形態小変異　12、16、19、44、51、57、68、70-74、83-91、97、100、101、107、112、115-122、133、138、151、157、163、180、181、185、190-204、210-212、215、222、225、226

道中央部アイヌ　116、197、198、199、201

道南西部アイヌ　116、196、198、199、201

道北東部アイヌ　116、196、198、199、201

東北・関東縄文人　116

栃原岩陰遺跡出土　27

トビニタイ文化　207

渡来系弥生人　16、120、126、127、178

渡来説　38、57、114、115

十和田式土器　208

な

中穴牛遺跡　178

中津川洞穴遺跡　24

長墓風葬墓　138

梨木畑貝塚　45

中ノ浜遺跡　114

に

西日本縄文人　16-18、116、157、190-193

二重構造モデル　47、126、127、138、143、146、159

日本古式体質　148、149

日本石器時代人　4、64、111、149、205、219

ニブフ（ギリヤーク）　66、160、191-193、202-205、210-212

ね

ネアンデルタール　107、168、174

は

バイカル新石器時代人　170、191-193、203、

索引

208-211
八幡神社遺跡　45
ハプログループ　15、46、146、158、185、
　　187、188、210、217
浜尻屋貝塚　184
判別関数　46、67、68、70、125、150、151、
　　180、203

ひ

ピアソンの式　4、5、33、38、44、55、74
東本州縄文人　14、16-18、121、191、193
東アジア　34、40、46、95、142、152、158、
　　162、166、167、169、170、172、189、
　　190、200、201
東日本現代人　99、122
東日本の縄文人　18、66、110、111、127
ヒグマ　207
鼻骨立体示数　6、7、39、63
非人道的　220、223
広田遺跡　36、42

ふ

フィッシャーの距離　97、99
藤井の式　4、5

へ

平均身長　5、6、38、41、56、74
ヘテロシス（雑種強勢）効果　54
ベルクマンの法則　9
変形説　173
扁平脛骨　4、11
扁平示数　8、41、45、55
辺民説　182
ペンローズの距離　14、148、170

ほ

ホアビン文化　169、171
放射線炭素 (C14) 年代　1、29、73、176
坊主山遺跡　79、125、128
北海道アイヌ　16、17、59-69、72-75、79、
　　91、99、100、109、110、111、120-128、
　　132-135、139-142、146、148-153、158、
　　172、180-206、210-213、216、217、219、
　　220、222、225、229
北海道アイヌ協会　132、222、229
北海道縄文人　13、16、17、23、191、193
北東アジア　69、126、142、145、146、158、

167、189-193
牡丹平遺跡　178
北部九州・山口弥生人　38-40、185
本土日本人　ⅰ、3、8、36、44、46、48、49、
　　51、55、56、57、88、91、95、100、103、
　　111、114、115、123、124、127、133、
　　138、139-142、145-149、155-160、184、
　　185、197、198、205、215、223

ま

マハラノビスの距離　11、150、152、180、
　　199、200
摩文仁ハンタ原遺跡　11、34、155

み

三津永田遺跡　114
ミトコンドリア DNA　15、18、46、51、69、
　　124、146、158、185、187、188、207、
　　210、216、217、225
港川人　28-35
港川フィッシャー遺跡　29
南有珠6遺跡　128
南九州離島弥生人　42

む

室谷洞穴遺跡　21

め

夫婦岩遺跡　22
銘苅古墓群　155、157
目梨泊遺跡　207

も

モヨロ貝塚人　67、206
モンゴル人　91、122、123、139、140、143、
　　151、167、201
モンゴロイド　117、125、138、162、165、
　　166、167、168、169、170、172、185、225

や

ヤッチのガマ　155、156
山鹿貝塚　20、21
山下町洞穴遺跡　29

ゆ

由比ヶ浜南遺跡　49

よ

吉胡貝塚　12、13、14、31、125
吉母浜遺跡　49、114

り

琉球王国　ⅰ、137
琉球諸島　28、35、36、43、65、137、150、
　158、196、198、199
柳江人　33、34
量的遺伝学　89、94

れ

冷水刺激　80、81
礼文華貝塚　128

わ

Y染色体　146

著者略歴

百々　幸雄（どど　ゆきお）

1944 年栃木県生まれ。1969 年東北大学医学部卒業。札幌医科大学助手、国立科学博物館研究官、東北大学医学部助手、札幌医科大学助教授、教授を経て、1994 年より東北大学医学部教授。2008 年に定年退職し、現在は東北大学名誉教授。専門は解剖学・形質人類学。編著書に、『モンゴロイドの地球 (3) 日本人のなりたち』（東京大学出版会 1995）、『北上山地に日本更新世人類化石を探る』（東北大学出版会 2003）、『骨が語る奥州戦国九戸落城』（東北大学出版会 2008）がある。

アイヌと縄文人の骨学的研究

骨と語り合った 40 年

Ainu and Jomon Population History

Reflections from a Lifetime of Osteological Research

©Yukio Dodo, 2015

2015 年 11 月 11 日　初版第 1 刷発行

著　者／百々幸雄

発行者／久道　茂

発行所／東北大学出版会
〒 980-8577　仙台市青葉区片平 2-1-1
Tel. 022-214-2777　Fax. 022-214-2778
http://www.tups.jp　E.mail info@tups.jp

印　刷／カガワ印刷株式会社
〒 980-0821　仙台市青葉区春日町 1-11
Tel. 022-262-5551

ISBN978-4-86163-265-5　C3047
定価はカバーに表示してあります。
乱丁、落丁はおとりかえします。